AF395599

OPTIQUE APPLIQUÉE

CALCUL DES LENTILLES

EMPLOYÉES DANS LES APPAREILS DE PRÉCISION

PAR

A. PELLETAN

Inspecteur général des Mines,
S.-Directeur de l'École Nationale supérieure des Mines,
Professeur à l'École des Mines

PARIS

LIBRAIRIE POLYTECHNIQUE, CH. BÉRANGER, ÉDITEUR
SUCCESSEUR DE BAUDRY ET Cⁱᵉ
15, RUE DES SAINTS-PÈRES, 15
MAISON A LIÈGE, 21, RUE DE LA RÉGENCE

1910
Tous droits réservés.

OPTIQUE APPLIQUÉE

OPTIQUE APPLIQUÉE

CALCUL DES LENTILLES
EMPLOYÉES DANS LES APPAREILS DE PRÉCISION

PAR

A. PELLETAN
Inspecteur général des Mines,
S.-Directeur de l'Ecole Nationale supérieure des Mines,
Professeur à l'Ecole des Mines.

PARIS
LIBRAIRIE POLYTECHNIQUE, CH. BERANGER, ÉDITEUR
SUCCESSEUR DE BAUDRY ET C°
15, RUE DES SAINTS-PÈRES, 15
MAISON A LIÈGE, 21, RUE DE LA RÉGENCE
1910

OPTIQUE APPLIQUÉE

CHAPITRE PREMIER

LOIS DE L'OPTIQUE

(1). Diverses hypothèses sur la nature de la lumière. — (2). Loi de la réflexion. — (3). Loi de la réfraction. — (4). De la dispersion. — (5). Principe fondamental de l'optique géométrique. — (6). Appareils optiques.

(1). Diverses hypothèses sur la nature de la lumière. — On admettait autrefois que les corps lançaient dans toutes les directions des molécules lumineuses; leurs trajectoires constituaient les rayons : c'était la théorie de l'émission. Dans la théorie des ondulations qui lui a succédé, on suppose que les phénomènes lumineux consistent en vibrations très rapides; elles se propagent au sein d'un fluide qui remplit tout l'espace, l'éther. On appelle lumière simple une vibration périodique dont la vitesse est une fonction sinusoïdale du temps.

$$V = a \sin 2\pi \frac{t}{T} .$$

T étant une constante, la quantité $\frac{t}{T}$ qui figure sous le sinus est appelée *phase*. Si l'on considère un centre lumineux tel que le point P (fig. 1), une vibration produite en P va se propager dans toutes les directions, et elle arrivera au bout d'un intervalle de temps θ sur une certaine surface S. En d'autres termes, à l'époque $t + \theta$ tous les points de la surface S auront une même vitesse vibratoire dont la phase sera égale à $\frac{t}{T}$. A mesure que θ augmentera, S s'éloignera du point P. C'est la surface d'onde.

Dans un milieu homogène, les surfaces d'onde sont parallèles entre elles; la vitesse de leur déplacement se compte suivant la normale commune. Pour une couleur simple et un milieu homogène donné, elle a une valeur constante ; c'est la vitesse de cette lumière dans le milieu.

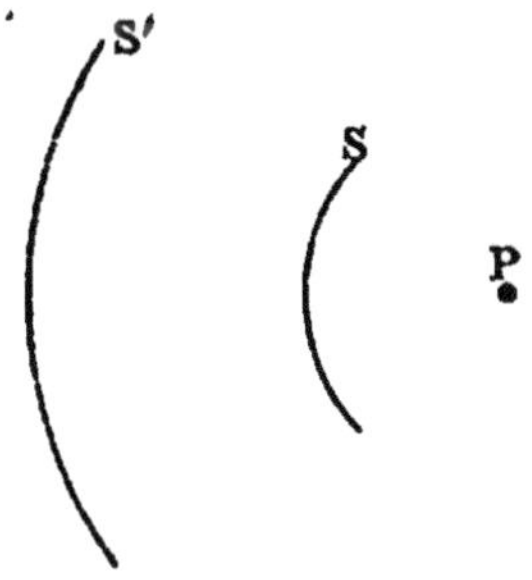

On appelle longueur d'onde λ d'une couleur simple, le chemin parcouru dans le vide par l'onde lumineuse pendant la durée d'une vibration.

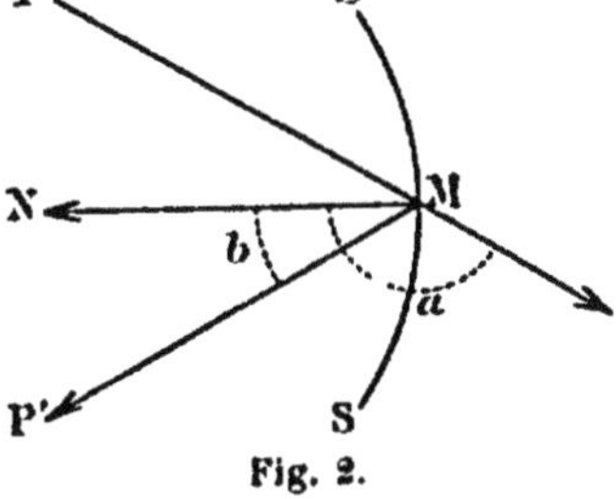

Fig. 1.

Nous prendrons pour unité de vitesse de la lumière sa vitesse dans le vide; dans ce cas elle est égale pour toutes les couleurs. Dans les autres milieux, elle a toujours une valeur plus petite et est représentée par une fonction de λ.

Aujourd'hui, on a substitué à la théorie des ondulations d'autres hypothèses. Il serait superflu de les développer ici. Elles conduisent au point de vue de l'optique géométrique aux mêmes résultats.

(2). Loi de la réflexion. — Si un rayon lumineux PM qui se réfléchit en M sur une surface S, est renvoyé dans la direction MP', et si MN est la normale intérieure à S, les deux angles PMN et NMP' sont égaux entre eux.

Nous désignons par a l'angle d'incidence, c'est-à-dire celui que forme la direction PM prise dans le sens de la marche de la lumière avec la demi-normale MN située du même côté que le rayon, et par b l'angle de réflexion, c'est-à-dire celui que forme le rayon réfléchi MP' avec la même direction MN ; nous aurons :

Fig. 2.

$$a + b = \varpi. \tag{1}$$

(3). Loi de la réfraction. — Si un rayon lumineux PM d'une couleur simple se réfracte sur la surface de séparation de deux milieux A et B, et si a et b sont les angles que forment les rayons incident et réfracté avec les demi-normales MN et MN', il existe entre a et b la relation

$$N_A \sin a = N_B \sin b, \qquad (2)$$

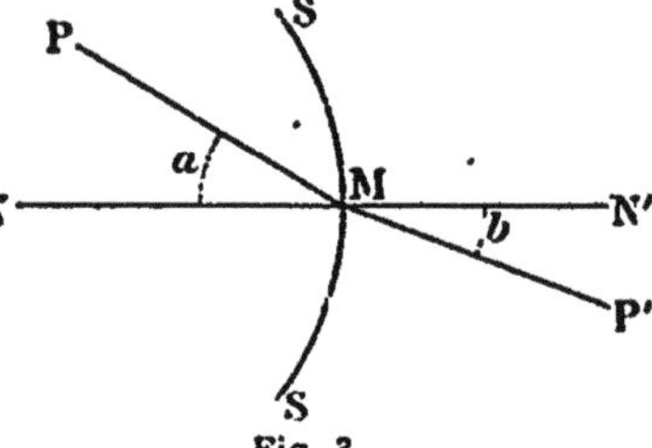

Fig. 3.

N_A et N_B étant les inverses de la vitesse de la lumière simple dans les deux milieux. Ces caractéristiques N_A et N_B portent le nom d'indices de réfraction.

On remarquera que les deux lois ci-dessus peuvent s'écrire de la même façon; en effet, dans le cas de la réflexion, le rayon ne change pas de milieu: $N_B = N_A$, et l'équation (1) peut se mettre sous la forme

$$N_A \sin a = N_A \sin b, \qquad (3)$$

forme analogue à celle de l'équation (2).

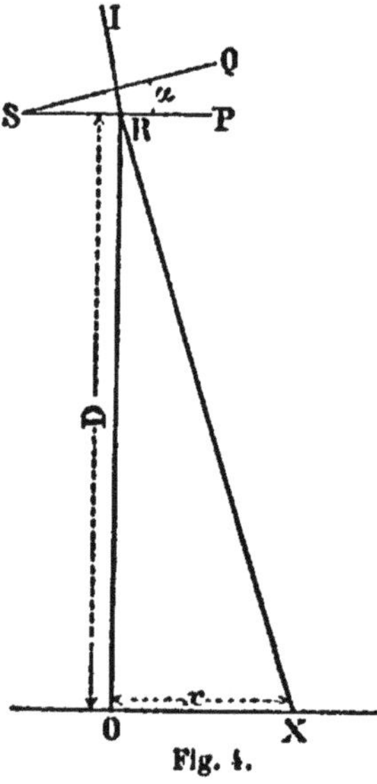

Fig. 4.

(4). **De la dispersion.** — Si l'on fait tomber normalement une nappe mince de lumière IR sur un prisme (fig. 4), il va se produire ce que l'on appelle un spectre. Les rayons des diverses couleurs vont se séparer. Supposons que le dièdre α du prisme soit très petit et que le faisceau lumineux passe dans le voisinage de S; recevons le spectre sur un écran placé à grande distance; nous obtiendrons une bande versicolore coupée par des raies obscures correspondantes à certaines longueurs d'ondes. Si RO est la normale à la surface SP du prisme, x la distance du point O à la raie lumineuse ou obscure correspondant à la lumière dont l'indice de réfraction est n_z, on aura :

$$x = \alpha n_z D.$$

Remplaçons maintenant ce même prisme par un autre, d'ouverture β et d'un pouvoir réfringent différent. Il va donner un autre spectre. On peut choisir β de façon que l'intervalle de deux raies caractéristiques, par exemple les raies C et F, soit le même dans les deux spectres: Est-ce que ceux-ci vont être identiques? Si nous les juxtaposions de façon que les deux raies C et les deux raies F soient en prolongement les unes des autres, les autres raies se correspondraient-elles? Non, l'expérience montre le contraire.

Accolons maintenant les deux prismes comme l'indique la figure ci-contre, de façon que leurs effets se contrarient; lançons sur eux un faisceau de lumière blanche. Le second prisme va opérer la réunion des rayons dispersés par le premier. Il la réalisera exactement pour les raies C et F, mais il ne la reproduira qu'imparfaitement pour les autres; il subsistera donc une coloration résiduelle; c'est ce que l'on appelle le « spectre secondaire ».

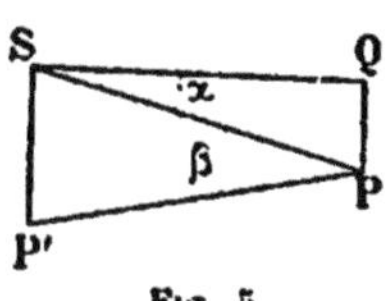

Fig. 5.

Pour chaque substance, l'indice de réfraction d'une couleur correspondante à une longueur d'onde λ peut se représenter par une formule :

$$n_\lambda = a + \frac{b}{\lambda^2} + \frac{c}{\lambda^4} + \ldots$$

Mais les coefficients de cette série varient avec la nature de la matière réfringente. Pour une première approximation, on peut se borner aux deux premiers termes : si l'on prend pour origine le point qui correspond à $\lambda = \infty$, la distance à laquelle se formera la

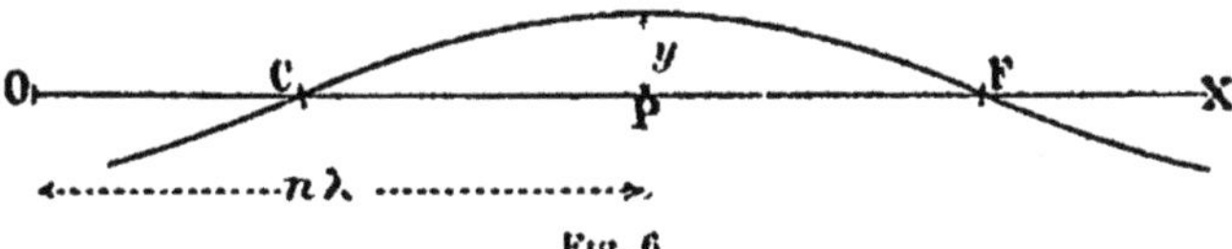

Fig. 6

raie correspondante à la longueur d'onde λ sera inversement proportionnelle à λ^2. Le spectre conventionnel ainsi défini est appelé spectre normal, ou spectre étalon.

Pour représenter un spectre, on le compare au spectre étalon. Portons sur une ligne droite OX des quantités inversement proportionnelles à λ^2. Chaque point P de OX figurera l'indice normal n_λ d'une lumière simple. Considérons maintenant un autre spectre quelconque et faisons en sorte, comme il a été dit plus haut, que ces raies C et F coïncident avec celles du spectre normal. Désignons par ν_λ l'indice pour le second spectre de la lumière simple λ; $\nu_\lambda - n_\lambda$ sera une quantité positive ou négative y. Si nous connaissons la valeur de y pour chaque valeur de n_λ, nous connaîtrons par suite la valeur de ν_λ. Élevons en chaque point P une ordonnée proportionnelle à y dans le sens correspondant au signe, nous obtiendrons une courbe qui représentera notre second spectre.

Nous avons figuré dans le graphique ci-dessous les spectres de deux verres usuels, dont les éléments sont empruntés à l'*Annuaire du Bureau des longitudes* :

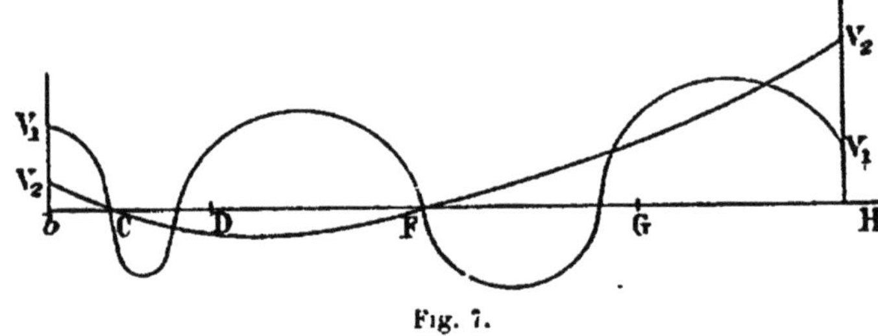

Fig. 7.

On voit que la loi suivant laquelle varient les écarts n'est pas une loi simple.

Dans les appareils optiques, on s'attache à réunir autant que possible les rayons des diverses couleurs ; les appareils pour lesquels la dispersion a été ainsi corrigée sont appelés achromatiques, quoique, en réalité, il subsiste toujours un spectre secondaire.

(5). **Principe fondamental de l'optique géométrique.** — On considère toujours, en optique géométrique, que la lumière se propage par rayons rectilignes et indépendants; on démontre, comme nous le verrons plus loin, que les rayons issus d'un même point et déviés par leur passage à travers un appareil optique quelconque, constituent toujours un faisceau de normales à une famille de surfaces parallèles. C'est à ces surfaces qu'on donne le nom dé surfaces d'ondes, ou simplement d'ondes. L'adoption de cette terminologie et de cette méthode de représentation des phénomènes n'implique aucune hypothèse sur la nature de la lumière; elle n'a pour but que de traduire en langage géométrique les lois que l'expérience a établies.

(6). **Appareils optiques.** — Les appareils optiques ont pour but de transformer les faisceaux lumineux qui émanent de points extérieurs, en d'autres faisceaux lumineux qui paraissent émaner d'autres points. Les premiers points portent le nom d'objets, les seconds le nom d'images. Tout se passe pour l'observateur comme si l'image était le point matériel d'où partent les rayons.

Le domaine des points qui envoient la lumière à l'appareil optique est appelé le champ des objets, celui des points d'où paraissent issus les faisceaux émergents porte le nom de champ des images.

Les appareils optiques sont formés de substances réfringentes terminées par des surfaces sphériques, c'est-à-dire de corps de révolution. On les monte de façon que leurs axes soient dans le prolongement les uns des autres; l'ensemble de l'appareil est donc doué de cette propriété que si un objet P tourne autour de l'axe d'un certain angle, son image P_1 tourne autour du même axe d'un angle égal. Il possède la symétrie de révolution.

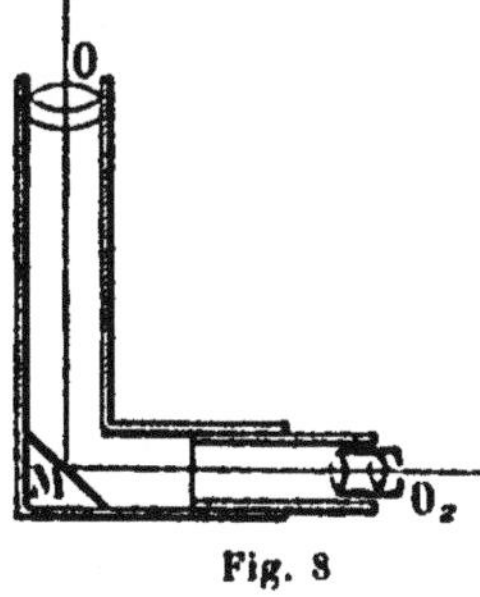

Fig. 8

Si on intercale entre les lentilles des miroirs plans comme par exemple dans une lunette coudée (fig. 8), l'axe OM se brise sur la surface M du miroir; il y prend une nouvelle direction MO_1; mais il est clair que la symétrie de révolution subsiste, c'est-à-dire que l'image tourne encore autour de l'axe du même angle que l'objet.

Les faisceaux qui pénètrent dans un appareil optique sont toujours limités; ainsi, dans un appareil photographique, leur frontière est constituée par le diaphragme. Dans la lunette, elle est formée par l'ouverture antérieure, c'est-à-dire par le bord de l'objectif. Cet orifice, qui limite le passage des rayons, porte le nom de *pupille*.

CHAPITRE II

PROPRIÉTÉS GÉNÉRALES D'UN FAISCEAU DE RAYONS

(7). Du stigmatisme. — (8). Des éléments optiques réels et virtuels. — (9). Longueur optique d'une ligne. — (10). Différentielle de la longueur optique d'un rayon. — (11). Théorème de Fermat. — (12). Théorème sur les faisceaux de rayons. — (13). Distance optique comptée à partir d'un point virtuel.

(7). Du stigmatisme. — Un faisceau de rayons est dit stigmatique lorsque ceux-ci émanent d'un même point ou y convergent. Tel est le cas dans un milieu homogène pour les rayons issus d'un centre lumineux.

Si les prolongements des rayons, dans le sens de la marche de la lumière ou dans le sens opposé, passent par un même point, le faisceau est encore appelé stigmatique.

(8). Des éléments optiques réels et virtuels. — Considérons un champ occupé par divers milieux homogènes A,B,C...L. Il arrive qu'on est amené à considérer dans certains d'entre eux, le milieu B par exemple, le prolongement de certains éléments optiques du milieu A. Ainsi un rayon MP qui rencontre en N le milieu B sera dévié en NQ. Mais au point de vue des constructions et des

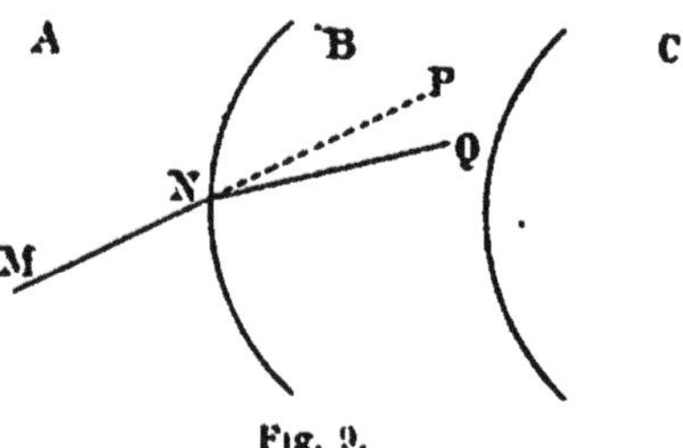

Fig. 9.

raisonnements, nous pouvons être amenés à faire usage du prolongement NP de MN. Ce rayon NP qui n'est pas une trajectoire de la lumière doit être considéré comme appartenant au champ A, quoiqu'il soit tracé dans la partie de l'espace occupée

par le champ B ; il n'a donc qu'une existence purement géométrique et est appelé *virtuel*, tandis que MN et NQ sont véritable-
ment des rayons au point de vue physique ; ils portent le nom de
réels. Ce que nous venons de dire pour les rayons s'applique à
tous les éléments optiques que nous pouvons être appelés à envisager par la suite, comme par exemple les surfaces d'onde ; on
peut être amené à considérer le prolongement dans le milieu B
des ondes qui se propagent dans A. Ce sont des surfaces vir-
tuelles.

La distinction doit notamment se faire pour les images. Si un
faisceau émergent d'un appareil optique est stigmatique, deux cas

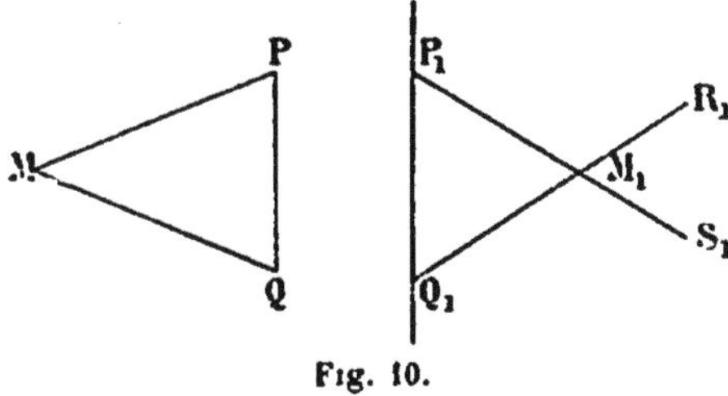

Fig. 10.

peuvent se présenter : Si ce faisceau est convergent, tous les
rayons viennent se concentrer en un point M_1 situé en avant de
l'appareil (fig. 10), c'est-à-dire dans le champ des images. M_1 est
l'image réelle du point M ; on peut la rendre sensible soit en la

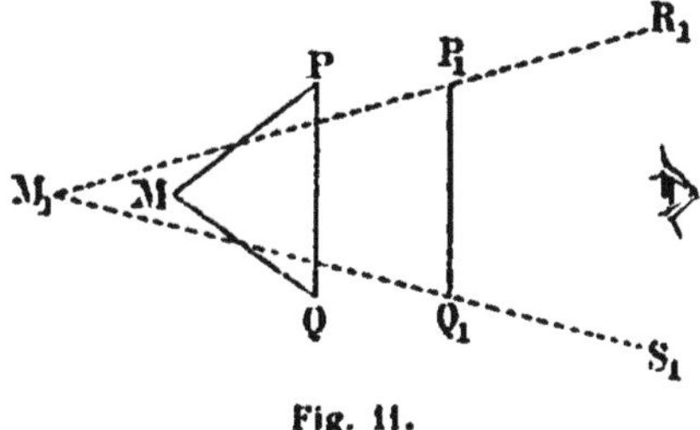

Fig. 11.

recevant sur un écran, soit en la fixant sur une plaque photographique ; on peut aussi placer l'œil dans le prolongement du faisceau, et on aura alors la même impression que si l'image était
réellement un objet lumineux.

Si, au contraire, dans le champ des images, le faisceau est divergent, il a la forme d'un tronc de cône $R_1P_1Q_1S_1$ (fig. 11) et son sommet n'est pas sur le passage du flux de lumière. Un écran placé en M_1 ne recevrait aucune image; une plaque photographique n'y serait pas impressionnée; cependant l'observateur a encore la même sensation que si le sommet du cône était un objet lumineux; c'est une image *virtuelle*.

(9). Longueur optique d'une ligne. — Considérons un rayon qui traverse successivement divers milieux A, B, C... pour les-

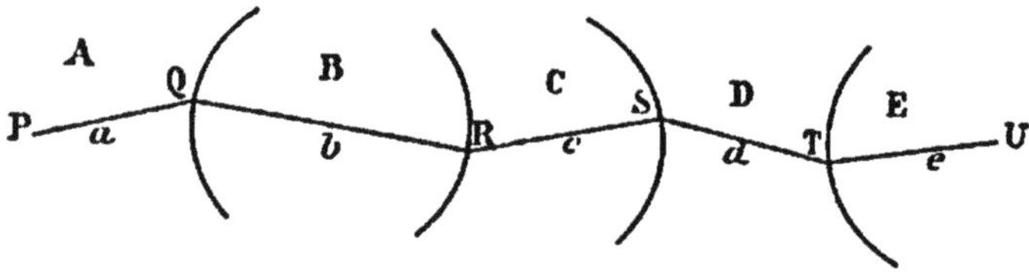

Fig. 12.

quels la vitesse de la lumière est V_A, V_B, V_C..., soient $n_A\,n_B\,n_C$... les indices de réfraction; soient enfin a,b,c... les longueurs des segments de rayons dans les différents milieux.

Les temps employés par la lumière pour parcourir ces segments successifs sont respectivement égaux au quotient de la longueur de ces segments par la vitesse correspondante, c'est-à-dire à

$$\frac{a}{V_A}\quad \frac{b}{V_B}\quad \frac{c}{V_C}\cdots\cdots$$

et la durée totale qu'emploie la lumière pour aller de P en U est la somme L de ces quotients.

$$L = \frac{a}{V_A} + \frac{b}{V_B} + \frac{c}{V_C} + \cdots = n_A a + n_B b + n_C c \cdots\cdots$$

On appelle cette somme la *longueur optique d'un rayon*.

(10). Différentielle de la longueur optique d'un rayon. — *Cas d'une seule réflexion.* — Soit un rayon PMQ qui se réfléchit en M sur une surface S (fig. 13); soit encore une autre ligne formée de deux droites quelconques P_1M_1 et M_1Q_1 infiniment voisines de PM et de MQ et se coupant également sur S.

Si a et b sont les longueurs PM et MQ, $a + \delta a$ et $b + \delta b$ les longueurs P_1M_1 et M_1Q_1, la longueur $l = $ PMQ est égale à $a + b$ la longueur $l + \delta l = P_1M_1Q_1$ est donnée par la formule

$$l + \delta l = a + b + \delta a + \delta b.$$

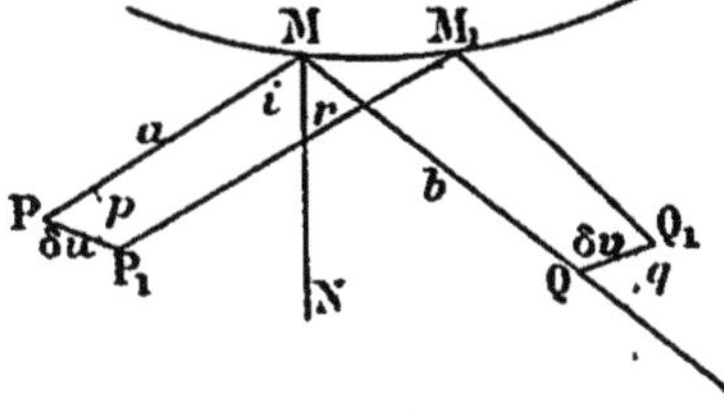

Fig. 13.

Nous aurons comme ci-dessus en désignant par δs, δu et δv les longueurs MM_1, PP_1, QQ_1 et par p et q les angles en P et Q :

$$\delta a = \delta s \sin i - \delta u \cos p$$
$$\delta b = -\delta s \sin r + \delta v \cos q.$$

D'où en ajoutant

$$\delta l = \delta v \cos q - \delta u \cos p.$$

Si on appelle L la longueur optique, L est égal à $n_A l$ et l'on a

$$\delta L = n_A \delta v \cos q - n_A \delta u \cos p.$$

La variation δL est le produit des distances optiques PP_1 et QQ par les cosinus des angles qu'elles forment avec le rayon.

Cas d'une seule réfraction. — Considérons un rayon PMQ qui se réfracte en M sur la surface S (fig. 14) et une ligne for-. mée de deux segments P_1M_1 et M_1Q_1 infiniment voisins de PM et

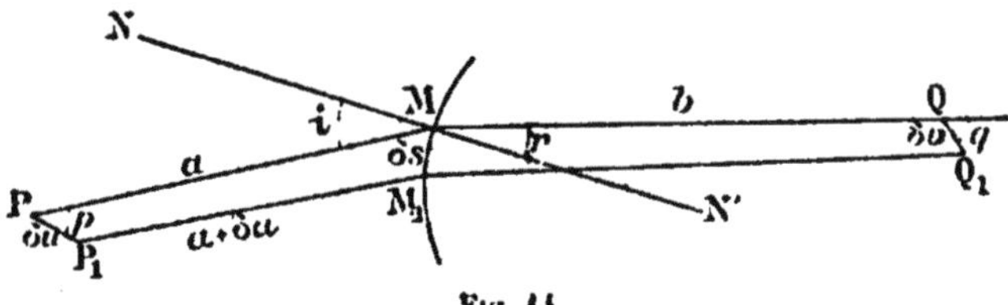

Fig. 14

de MQ et se coupant comme eux sur S. Désignons les longueurs optiques de PMQ et $P_1M_1Q_1$ par L et $L + \delta L$

$$L = n_A a + n_B b$$
$$L + \delta L = n_A (a + \delta a) + n_B (b + \delta b)$$
$$\delta L = n_A \delta a + n_B \delta b.$$

Appliquons le théorème connu relatif à la variation infiniment petite de la longueur d'une droite ; nous savons qu'elle est égale à la différence des longueurs parcourues par ses extrémités, multipliées par les cosinus des angles que forment les tangentes à ces trajectoires avec la direction de la droite. Si δs, δu et δv sont les longuéurs MM_1, PP_1 et QQ_1

$$\delta a = \delta s \sin \alpha - \delta u \cos p$$
$$\delta b = - \delta s \sin \beta + \delta v \cos q$$

remarquons que d'après la loi de la réfraction : $n_A \sin \alpha = n_B \sin \beta$. Donc dans $n_A \delta a + n_B \delta b$ la différence $n_A \delta s \sin \alpha - n_B \delta s \sin \beta$ disparaît, et par suite

$$\delta L = n_B \delta v \cos q - n_A \delta u \cos p.$$

Cas général. — Soit un rayon PQ qui se brise sur des surfaces réfringentes ou réfléchissantes, et une ligne P_1Q_1 formée de segments infiniment voisins des précédents et se rencontrant comme eux sur les mêmes surfaces (fig. 15).

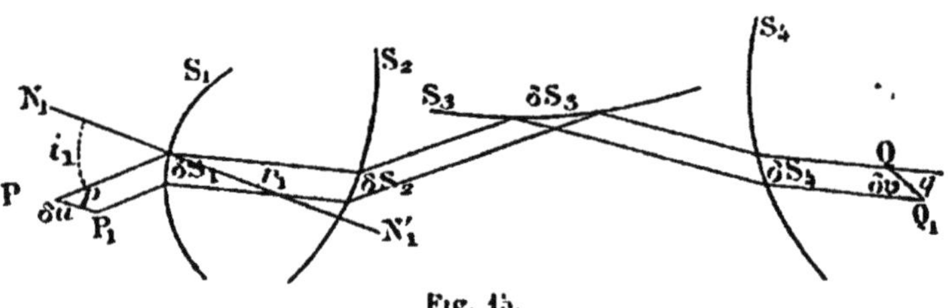

Fig. 15.

Si L est la longueur optique PQ, $L + \delta L$ la longueur optique P_1Q_1, on aura $\delta L = n_A \delta a + n_B \delta b + n_C \delta c + \ldots$

$$n_A \delta a = n_A \delta u \cos p - n_A \delta S_1 \sin i_1$$
$$n_B \delta b = n_B \sin r_1 - n_B \delta S_2 \sin i_2$$
$$n_C \delta c = n_C \sin r_2 - n_C \delta S_3 \sin i_3$$
$$\cdots \cdots \cdots \cdots$$

on a d'ailleurs les relations

$$n_A \cos i_1 = n_B \cos r_1$$
$$n_B \cos i_2 = n_C \cos r_2$$
$$\cdots \cdots \cdots \cdots$$

Donc

$$\delta L = \delta v \cos q - \delta u \cos p.$$

(11). Théorème de Fermat. — Supposons que les points P et P_1

coïncident ainsi que les points Q et Q_1; $\delta u = \delta v = 0$; il en résulte que δL est nul. On voit que lorsqu'on déforme progressivement le contour PQ, pour le faire passer de la première position à la seconde, ses extrémités restant fixes, la différentielle de la longueur optique est nulle. Cette condition est caractéristique d'un *maximum* ou d'un *minimum*. Ce principe constitue le théorème de Fermat. Celui-ci l'avait énoncé en disant que la trajectoire de la lumière était toujours le plus court chemin. Sous cette forme le théorème n'est pas exact; la longueur optique de la trajectoire est suivant les cas, un maximum ou un minimum.

(12). Théorème sur les faisceaux de rayons. — Un faisceau de rayons est un ensemble de normales. Supposons en effet un faisceau issu d'un point P et portons sur chacun d'eux une longueur optique PQ constante. Quel est le lieu S du point Q ?

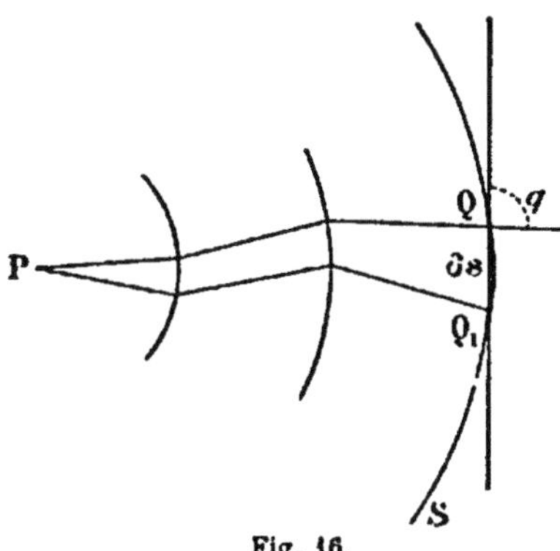

Fig. 16.

Considérons deux rayons infiniment voisins PQ et PQ_1 (fig. 16). Dans notre formule

$$\delta L = \delta v \cos q - \delta u \cos p$$

nous devons faire $\delta L = 0$ puisque L est constante ; d'ailleurs δu est égale à zéro puisque P et P_1 coïncident ; il en résulte

$$\delta v \cos q = 0.$$

Ce qui exige que l'on ait, soit

$$\cos q = 0$$

soit

$$\delta v = 0.$$

Supposons que nous ayons $\cos q = 0$, $q = \frac{\pi}{2}$. La droite QQ_1 qui est une tangente à la surface S, est perpendiculaire au rayon. En d'autres termes le rayon est normal à S. En général si on considère un ensemble de droites il n'existe pas de surface à laquelle toutes ces lignes soient normales. Il est remarquable qu'un faisceau de rayons issu d'un même point jouisse de cette propriété. Cette démonstration justifie la définition que nous avons donnée au paragraphe (5) des surfaces d'onde.

Les surfaces telles que S correspondantes à un même point, et situées dans un même milieu sont parallèles entre elles. Dans des milieux différents elles sont optiquement parallèles, c'est-à-dire que les longueurs optiques des rayons compris entre elles sont égaux.

Si l'on a $\delta v = 0$ tous les rayons issus du point P convergent vers un même point Q, les longueurs optiques des divers rayons sont égales entre elles. En effet, δu et δv étant nuls, δL l'est également. La distance optique d'un point à son image est constante quel que soit le rayon suivant lequel on le compte.

Nous pouvons donc énoncer les deux théorèmes suivants :

1° Si une onde émane d'un point O, la distance optique de O à tous les points de l'onde est constante.

2° Si deux points P et Q sont conjugués, la distance optique PQ comptée suivant chacun des rayons est constante.

(13). Distance optique comptée à partir d'un point virtuel. — Si le point P origine d'un rayon est un point virtuel, comment

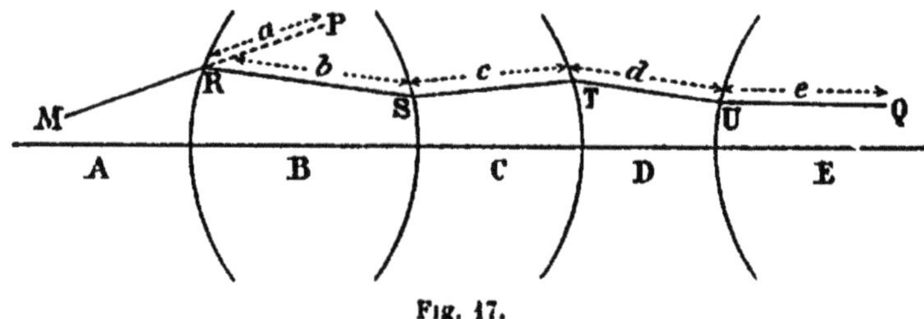

Fig. 17.

définirons-nous les distances optiques comptées à partir de ce point ? Soient toujours ABCDE différents milieux d'indices $n_A n_B n_C n_D n_E$; considérons un rayon MQ qui ne traverse pas le point P, mais dont un segment prolongé aboutit en P. P est d'après la définition donnée au paragraphe (8) un point virtuel du rayon. Supposons que le rayon se réfracte sur les diverses surfaces suivant la ligne brisée MRSTUQ ; soient *abcde* les longueurs des segments MR, RS, ST, TU, UQ. On appellera distance optique du point P au point U l'expression

$$L = - n_A a + n_B b + n_C c + n_D d + n_E e.$$

Cette formule ne diffère de celle qui a été donnée au paragraphe (8), et qui est relative au cas où le point P est réel, que par le signe du premier terme. Le coefficient de *a* est toujours l'indice correspondant au champ A bien que le point P tombe dans un autre milieu ; le segment de rayon virtuel sera traité comme un segment réel à cette différence près que sa longueur devra être considérée comme négative. On remarquera que grâce à cette convention la longueur optique MP+PQ est égale à la longueur MQ. Cette formule, qui est évidente lorsque le point P est un point réel du rayon, subsiste lorsqu'il est virtuel

La distance d'un point à une onde virtuelle donne lieu à une convention analogue.

Les théorèmes que nous avons énoncés au paragraphe précédent s'appliquent aux points et ondes virtuels.

CHAPITRE III

HOMOGRAPHIE OPTIQUE

(14). Principe de l'optique de Gauss. — La théorie de Gauss suppose que les faisceaux stigmatiques se transforment par leur passage dans les appareils optiques en d'autres faisceaux également stigmatiques, ou si l'on veut que des ondes sphériques incidentes donnent naissance à des ondes émergentes également sphériques. Nous établirons ci-après les lois de la formation des images, en supposant cette condition rigoureusement réalisée. Lorsqu'elle ne l'est qu'imparfaitement, les rayons issus d'un foyer ne sont plus rigoureusement convergents à leur sortie de l'appareil ; ils s'écartent plus ou moins du point qui, dans l'optique de Gauss, serait l'image de ce foyer ; les écarts portent le nom d'aberrations. Nous étudierons en premier lieu l'optique de Gauss, et en second lieu les aberrations.

(15). Relations géométriques entre les figures des objets et celles des images. — L'hypothèse sur laquelle est basée l'optique de Gauss implique une certaine dépendance entre les figures des objets et celles des images ; à chaque point de l'un des deux champs correspond un point de l'autre, et à chaque rayon de l'un, c'est-à-dire à chaque droite de l'un, correspond, dans l'autre, une droite. Ces conditions forment la base d'une théorie de géométrie optique.

Quand dans deux espaces les figures se correspondent de telle sorte que chaque point et chaque droite de l'un aient pour conjugués un point et une droite de l'autre, les deux systèmes sont dits homographiques. Nous pourrions étudier leurs propriétés dans toute leur généralité, mais nous simplifierons cette étude en remarquant que notre homographie possède la symétrie de révolution.

(16). De la similitude directe ou inverse. — On sait que deux figures égales ou symétriques ont tous leurs éléments égaux. Dans le premier cas, elles sont superposables, dans le second cas elles ne le sont pas. Par exemple, la main droite et la main gauche sont symétriques et non égales.

Si deux figures A et B ont tous leurs éléments de longueur proportionnels, et tous leurs angles égaux, on dit qu'elles sont semblables. Mais il y a lieu de distinguer deux cas : si la figure B peut en se rétrécissant ou en se dilatant sans changer de forme, devenir égale à A, elle lui est directement semblable; si dans les mêmes conditions elle devient égale à sa symétrique, elle est dite inversement semblable.

Tout objet qui se réfléchit une fois dans un miroir est inversé, c'est-à-dire que son image est égale à l'objet symétrique. S'il se réfléchit plusieurs fois et si le nombre des réflexions est impair l'image est encore inversée; elle est redressée lorsque le nombre des réflexions est pair.

(17). Des plans focaux. — Dans deux systèmes homographiques, un plan a pour conjugué un plan; on appelle plan de front tout plan perpendiculaire à l'axe.

Un plan de front P (fig. 18) a pour conjugué un plan de front P_1. Cette propriété est une conséquence immédiate de la symétrie de révolution. Si on fait tourner P autour de AA', il reste toujours en coïncidence avec lui-même; il doit en être de même de son conjugué P_1, qui doit par suite être également perpendiculaire à l'axe A_1A_1'.

Si le plan P s'éloigne indéfiniment, son conjugué dans le champ des images tend vers un certain plan Q_1, appelé plan focal. Il existe dans le champ des objets un second plan focal Q conjugué du plan à l'infini dans le champ des images. Les points F et F_1 où ces plans coupent l'axe sont les conjugués des points situés à l'infini

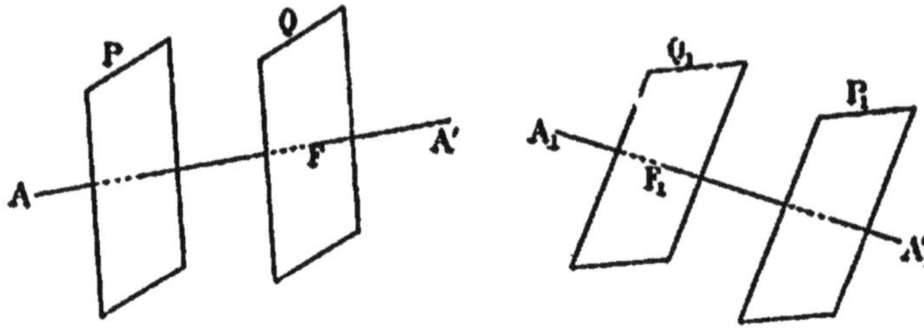

Fig. 18.

sur l'axe dans les deux champs ; les conjuguées des droites parallèles à l'axe convergent vers F ou F_1 ; ces points sont appelés points focaux ou plus simplement foyers. C'est cette dernière dénomination que nous adopterons. Le foyer où se concentrent les rayons parallèles à l'axe et passant du champ des objets dans celui des images est dit foyer postérieur, l'autre foyer antérieur.

(18). **Pupilles d'entrée et de sortie.** — Si la *pupille* d'un appareil optique est placée en avant, elle est dite pupille d'entrée ; elle a une conjuguée par rapport à l'ensemble de l'optique ; celle-ci, dite pupille de sortie, n'a qu'une existence purement géométrique ; elle n'est pas matérialisée. Tout rayon qui traverse l'une, traverse aussi l'autre et réciproquement. En conséquence, nous pouvons considérer indifféremment les faisceaux comme limités à la première ou à la seconde. De

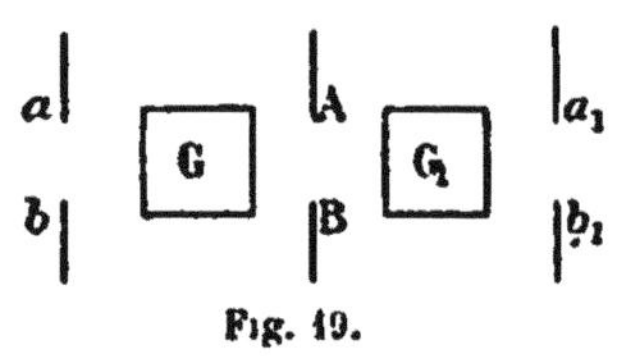

Fig. 19.

même si le diaphragme AB est en arrière, la pupille d'entrée sera sa conjuguée par rapport à l'appareil. Si enfin le diaphragme est dans l'intérieur, nous devons considérer le groupe G de surfaces optiques qui le précède et le groupe G_1 qui le suit. Soit *ab* l'image de AB par rapport à G, a_1b_1 son image par rapport à G_1 ; *ab* sera la pupille d'entrée, a_1b_1 la pupille de sortie. Elles sont évidemment conjuguées l'une de l'autre par rapport à l'ensemble du système.

(19). **Emploi des coordonnées rectangulaires ; choix des axes.** — Nous allons prendre deux systèmes d'axes rectangulaires dans le champ des objets et dans le champ des images. Leur choix doit être fait suivant certaines règles précises dont il est bon de ne pas se départir.

Prenons pour origine dans les deux champs deux points quelconques O et O_1 de l'axe optique et celui-ci pour axe des x et des x_1. Les plans des yz et des y_1z_1 seront les plans de front passant par O et O_1. Le plan des xy sera un plan arbitrairement choisi passant par l'axe optique et celui des x_1y_1 sera son conjugué dans le plan des images. Les plans des zx et z_1x_1 seront respectivement perpendiculaires à ces derniers.

Pour définir le sens des axes positifs on procédera comme il suit :

1° Pour les axes des x et des x_1, la direction positive sera celle dans laquelle se propage la lumière ;

2° Voici maintenant comment on définit le sens des y et des y_1 positifs. Soit Q (fig. 20) le plan choisi pour plan des xy. Suppo-

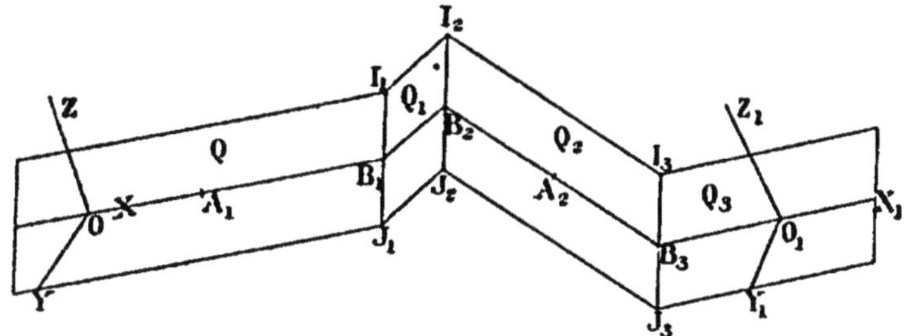

Fig. 20.

sons que notre axe des x rencontre une surface réfringente en A_1. Nous savons que dans les appareils usuels il la traverse toujours normalement et n'est pas dévié. Le plan conjugué de Q par rapport à la surface S_1 sera donc le plan Q lui-même.

Si maintenant l'axe rencontre obliquement un miroir plan MM_1 en B_1, l'axe sera dévié en B_1B_2 et le plan conjugué de Q par rapport à M_1 sera un certain plan Q_1 qui coupera Q suivant une ligne I_1J_1 ; celle-ci est leur trace commune sur la surface du miroir. Si nous considérons les points de rencontre du faisceau lumineux avec les surfaces optiques successives, nous obtiendrons une série de plans Q, Q_1, Q_2... qui sont conjugués par rapport à ces surfaces. Le dernier auquel nous parviendrons Q_2 sera le conjugué de Q par rapport à tout le système ; limitons tous ces plans à leurs intersections, nous formons ainsi un feuillet, lequel aura deux faces, le recto et le verso.

Ceci posé, sur le recto traçons une droite OY perpendiculaire à OX et dirigée de telle sorte que le sens de rotation de OX vers OY soit le sens rétrograde. Opérons de même en O_1 ; OY et O_1Y_1 seront nos axes des y et des y_1 positifs.

3° Pour les axes des z et des z_1 nous considérons comme positifs ceux qui sont normaux aux plans des xy et x_1y_1 du côté du recto.

D'après ces conventions, on observera que, lorsque l'axe rencontre normalement un miroir, le feuillet se replie sur lui-même ; les axes des x et des z changent de sens. On observera également qu'à chaque réflexion l'image est inversée.

(20). **Homographie optique.** — Nous avons vu que si l'on suppose les faisceaux stigmatiques, les figures correspondantes dans le champ des objets et dans celui des images sont homographiques.

Si l'on prend deux systèmes d'axes dans les deux champs, comme il a été dit plus haut, et si l'on désigne par XYZ, $X_1Y_1Z_1$ les coordonnées de deux points conjugués P et P_1, ces quantités sont liées par des équations de la forme

$$X_1 = \frac{a_1X + b_1Y + c_1Z + d_1}{mX + nY + pZ + q} \tag{1}$$

$$Y_1 = \frac{a_2X + b_2Y + c_2Z + d_2}{mX + nY + pZ + q} \tag{2}$$

$$Z_1 = \frac{a_3X + b_3Y + c_3Z + d_3}{mX + nY + pZ + q} \tag{3}$$

Les origines peuvent être prises en des points quelconques de l'axe, mais on les choisit généralement d'une des trois manières suivantes :

1° Elles sont placées aux foyers. Les équations (1) (2) et (3) se simplifient.

Il est facile de reconnaître que X_1 ne dépend que de X, et non de Y et de Z. Soient Q et Q_1 les plans de front passant par P et P_1. Tous les points du plan Q ont la même abscisse X. Si le point P se déplace dans le plan Q, X reste constant, Y et Z varient d'une manière quelconque ; cependant X_1 ne change pas ; X_1 est donc fonction de X seulement ; il est nécessaire pour cela que l'on ait $b_1 = c_1 = n = p = o$. La formule (1) se réduit donc à $X_1 = \frac{a_1 X + d_1}{m X + q}$.

Comme le plan des YZ est plan focal, son conjugué est à l'infini, c'est-à-dire que pour $X_1 = \infty$, on doit avoir $X = 0$ et réciproquement. Ceci exige que a_1 et q soient nuls ; donc :

$$X_1 = \frac{d_1}{m X} \tag{4}$$

n, p et q étant nuls, la formule qui donne Y_1 se réduit à

$$Y_1 = \frac{a_2 X + b_2 Y + c_2 Z + d_2}{m X} . \tag{5}$$

Le plan des $Z_1 X_1$ est conjugué du plan des ZX ; pour $Y = 0$, on doit avoir $Y_1 = 0$. Donc $a_2 = c_2 = d_2 = 0$.

$$Y_1 = \frac{b_2 Y}{m X} . \tag{6}$$

On trouvera de même

$$Z_1 = \frac{c_3 Z}{m X} . \tag{7}$$

Quand on fait accomplir aux plans des XY et des ZX un quart de révolution autour de l'axe des X, les plans des $X_1 Y_1$ et des $Z_1 X_1$ tournent également d'un angle droit autour de l'axe des X_1. Les Y et les Z, comme les Y_1 et les Z_1, se permutent aux signes près ; Y et Y_1 deviennent $+ Z$ et $+ Z_1$, Z et Z_1 deviennent $- Y$ et $- Y_1$. Il en résulte que $b_2 = c_3$.

Les équations peuvent donc, en posant $f = \frac{b_2}{m}$, $f_1 = - \frac{d_1}{m}$, se mettre sous la forme

$$X_1 = \frac{f f_1}{X} \quad Y_1 = f \frac{Y}{X} \quad Z_1 = f \frac{Z}{X} \tag{8}$$

$$X = \frac{f f_1}{X_1} \quad Y = f_1 \frac{Y_1}{X_1} \quad Z = f_1 \frac{Z_1}{X_1} . \tag{9}$$

Les longueurs f et f_1 sont ce que l'on appelle les focales du système. Elles peuvent être positives ou négatives.

L'image d'une figure de front est semblable à la figure elle-même puisque $\dfrac{Y}{Z} = \dfrac{Y_1}{Z_1}$.

Si l'on a interposé des miroirs en nombre impair sur la trajectoire des rayons entre les diverses lentilles, l'image se trouve inversée et les termes en Z et Z_1 changent de signes.

On remarquera que les points de l'axe qui ont pour abscisses dans l'équation précédente f et f_1 sont conjugués. C'est ce que l'on appelle les points principaux ou points nodaux. Ils forment avec les foyers les éléments cardinaux du système.

2° Si l'on prend pour origines deux points conjugués quelconques dont les coordonnées par rapport aux plans focaux sont $-u$ et $-u_1$, nos équations s'écrivent

$$\frac{u}{X} + \frac{u_1}{X_1} = 1 \qquad Y_1 = \frac{fY}{X-u} \qquad Z_1 = \frac{fZ}{X-u} \tag{10}$$

$$Y = \frac{f_1 Y_1}{X_1 - u_1} \qquad Z = \frac{f_1 Z_1}{X_1 - u_1}. \tag{11}$$

3° Si l'on prend les points principaux pour origine on aura

$$\frac{f}{X} + \frac{f_1}{X_1} + 1 = 0 \qquad Y_1 = \frac{fY}{X+f} \qquad Z_1 = \frac{fZ}{X+f} \tag{13}$$

$$Y = \frac{f_1 Y_1}{X_1 + f_1} \qquad Z = \frac{f_1 Y_1}{X_1 + f_1}. \tag{14}$$

(21). Grossissement. — Nous avons vu qu'une figure de front a pour image une figure semblable; leur rapport de similitude est appelé le grossissement latéral. Si on le désigne par α,

$$\alpha = \frac{Y_1}{Y} = \frac{Z_1}{Z}.$$

α peut s'exprimer au moyen des abscisses des deux plans de front dans lesquelles se trouvent les figures.

1ᵉʳ *cas.* Les plans des YZ et $Y_1 Z_1$ sont les plans focaux.

$$\alpha = \frac{f}{X} = \frac{X_1}{f_1}.$$

2ᵉ *cas.* Les plans des YZ et $Y_1 Z_1$ sont deux plans conjugués quelconques.

$$\alpha = \frac{f}{X-u} = \frac{X_1 - u_1}{f_1}.$$

3° *cas*. Les plans des YZ et Y_1Z_1 sont les plans principaux.

$$a = \frac{f}{X+f} = \frac{X_1+f_1}{f_1}.$$

Le grossissement entre les plans principaux c'est-à-dire le rapport de similitude de deux images conjuguées situées dans ces plans, est égal à l'unité, ce qui signifie que ces images sont non seulement semblables mais égales. Cette propriété est caractéristique des figures situées dans le plan principal. Si deux figures conjuguées sont égales, elles sont contenues dans ces plans.

Il résulte de là que les distances à l'axe de deux points conjugués situés dans les plans principaux sont égales entre elles.

A un segment infiniment petit dX correspond un autre segment infiniment petit dX_1. Le rapport $\beta = \dfrac{dX_1}{dX}$ est le *grossissement longitudinal*. Il s'exprime par les formules suivantes selon les cas :

1er *cas*. (Système rapporté aux plans focaux)

$$\beta = -\frac{X_1}{X}.$$

2e *cas*. (Système rapporté à deux plans conjugués)

$$\beta = -\frac{X_1-u_1}{X-u}.$$

3° *cas*. (Système rapporté aux plans principaux.)

$$\beta = -\frac{X_1+f_1}{X+f}.$$

Considérons maintenant sur l'axe (fig. 21) deux points conju-

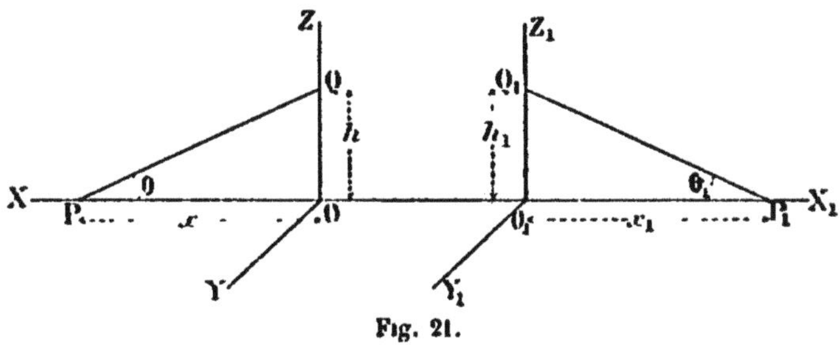

Fig. 21.

gués P et P_1, et deux droites PQ et P_1Q_1 également conjuguées, situées dans un plan passant par OO_1. Soient θ et θ_1 les angles qu'elles forment avec OX et OX$_1$. On appelle grossissement angulaire le rapport γ donné par la formule

$$\gamma = \frac{\tang \theta_1}{\tang \theta} \, .$$

1er *cas*. (Système rapporté aux plans focaux.)

Faisons tourner le plan des deux droites de façon qu'il vienne coïncider avec celui des ZX et Z$_1$X$_1$. En vertu de la symétrie de révolution, dans cette nouvelle position, nos deux droites sont encore conjuguées ; soient Q et Q$_1$ les points où elles rencontrent les axes, h et h_1 les hauteurs OQ et O$_1$Q$_1$.

$$h = - X \tang \theta$$
$$h_1 = X_1 \tang \theta_1 .$$

Soient Z et X les coordonnées d'un point M de la droite PQ. La cordonnée Z$_1$ du point conjugué M est donnée par la formule

$$Z_1 = f \frac{Z}{X} \, .$$

Si M est le point à l'infini sur la droite PQ, son conjugué se trouve dans le plan focal Y$_1$OZ$_1$ et sur P$_1$Q$_1$, et sa cordonnée Z$_1$ est h_1.

Vers quelle limite tend le rapport $\frac{Z}{X}$ quand Z et X augmentent indéfiniment ? Cette limite est évidemment tang θ. Donc

$$h_1 = f \lim \frac{Z}{X} = f \tang \theta$$

on aurait de même

$$h = - f_1 \tang \theta_1 .$$

Remplaçons h et h_1 par leurs expressions ci-dessus et tirons des équations ainsi obtenues le rapport $\dfrac{\tang \theta_1}{\tang \theta}$

$$\gamma = \frac{\tang \theta_1}{\tang \theta} = \frac{X}{f_1} = \frac{f}{X_1} \, .$$

2e *cas*. (Système rapporté à deux plans conjugués.)
On trouvera alors

$$\gamma = \frac{X - u}{f_1} = \frac{f}{X_1 - u_1} \, .$$

3e *cas*. (Système rapporté aux deux plans principaux.)

$$\gamma = \frac{X + f}{f_1} = \frac{f}{X_1 + f_1} \, .$$

Le grossissement angulaire pour deux lignes conjuguées partant des plans principaux s'obtiendra en faisant dans cette formule $X = X_1 = 0$.

$$\gamma = -\frac{f}{f_1}.$$

Si f et f_1 sont égales et de signe contraires, $\gamma = 1$.

Il résulte de là que si un rayon incident passe par l'un des points principaux le rayon émergent passe par l'autre; ils forment avec l'axe le même angle si les focales sont égales et de signe contraires.

Il existe entre les trois grossissements les relations

$$x\gamma = \frac{f}{f_1}$$

$$\frac{\gamma^3}{x} = -1.$$

(22). Relation entre les deux focales d'un système. — Considérons un système optique. Soient P et P′ ses points principaux, F et F′ ses foyers, f et f' les valeurs absolues des focales, n et n' les indices de réfraction des deux milieux extrêmes.

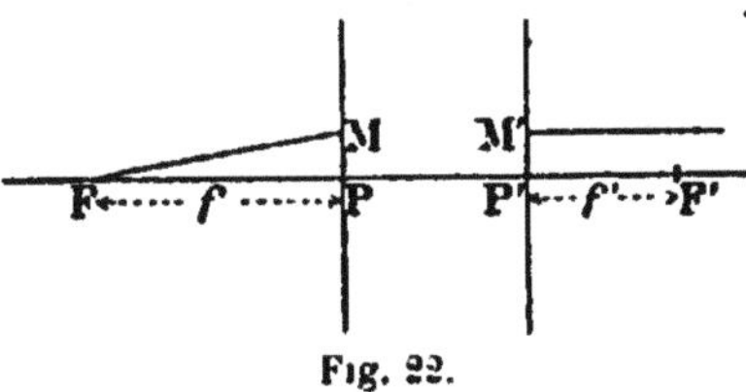

Fig. 22.

Considérons un rayon infiniment voisin de l'axe, issu du point F. Soient M et M′ les points où il perce les deux plans principaux ; M et M′ sont conjugués puisqu'ils se trouvent dans deux plans conjugués sur la trajectoire d'un même rayon. Donc, d'après ce qui a été dit au paragraphe précédent, ils sont à la même distance de l'axe ; $MP = M'P' = h$. Soit L la distance optique de P et P′, L_1 celle de M et M′ ; en vertu du théorème énoncé au paragraphe (12) la longueur L_1 est constante quelle que soit la trajectoire du rayon sur lequel elle est comptée.

Les rayons issus du point F émergent parallèlement à l'axe ; les ondes sont les surfaces auxquelles ces parallèles sont normales, c'est-à-dire des plans de front. Les distances optiques de F à tous les points des plans de front, et en particulier à tous les points du plan principal qui passe par P′ sont égales entre elles. Désignons leur valeur commune par Λ, et calculons la valeur de Λ suivant les deux contours FMM' et FPP'. On remarquera que la longueur M est égale à $\sqrt{f^2+h^2}=f\sqrt{1+\dfrac{h^2}{f^2}}$ ce qui peut s'écrire en développant par rapport à h et en se bornant aux termes du second ordre $f+\dfrac{h^2}{2f}$. On aura donc pour les deux contours considérés

$$\Lambda = nf + n\,\frac{h^2}{2f} + \mathrm{L} \qquad\qquad \Lambda = nf + \mathrm{L_1} \tag{1}$$

ou en égalant les deux valeurs de Λ et résolvant par rapport à f

$$f = \frac{n}{2}\,\frac{h^2}{\mathrm{L_1}-\mathrm{L}} \tag{2}$$

on trouverait de même

$$f' = \frac{n'}{2}\,\frac{h^2}{\mathrm{L_1}-\mathrm{L}}\,. \tag{3}$$

D'après la remarque faite plus haut, les valeurs de $\mathrm{L_1}$ sont les mêmes dans les formules (2) et (3) ; en divisant membre à membre, il vient

$$\frac{f}{f'} = \frac{n}{n'}\,.$$

Le rapport des focales d'un système est celui des indices de réfraction des deux milieux extrêmes.

Notre démonstration ne suppose pas que les points M et M' soient situés sur les rayons incident et émergent eux-mêmes ; ils peuvent se trouver sur leurs prolongements ; dans ce cas ce sont des points virtuels, mais la démonstration subsiste. Même remarque au sujet de la surface d'onde M'P'.

Systèmes symétriques. — La plupart des systèmes que nous aurons à considérer par la suite auront pour milieux extrêmes l'atmosphère et par suite leurs focales seront égales en valeur absolue, mais de signes contraires ; on aura $f_1 = -f$, il faudra dans les formules données plus haut remplacer f_1 par $-f$. Nos équations s'écriront dans les systèmes symétriques

$$\begin{aligned}
&& XX_1 &= -f^2 & \\
\text{par rapport} && Y_1 &= f\,\frac{Y}{X} & Z_1 &= f\,\frac{Z}{X} \\
\text{aux plans focaux} && Y &= -f\,\frac{Y_1}{X_1} & Z &= -f\,\frac{Z_1}{X_1}
\end{aligned}$$

$$
\text{par rapport à deux plans conjugués}
\begin{cases}
\quad\dfrac{U}{X} + \dfrac{U_1}{X_1} = 1 \\[2mm]
Y_1 = \dfrac{fY}{X-U} \qquad Z_1 = \dfrac{fZ}{X-U} \\[2mm]
Y = -\dfrac{fY_1}{X_1-U_1} \qquad Z = \dfrac{-fZ_1}{X_1-U_1}
\end{cases}
$$

$$
\text{par rapport aux plans principaux}
\begin{cases}
\quad\dfrac{1}{X_1} - \dfrac{1}{X} = \dfrac{1}{f} \\[2mm]
Y_1 = f\dfrac{Y}{X+f} \qquad Z_1 = f\dfrac{Z}{X+f} \\[2mm]
Y = -\dfrac{fY_1}{X_1-f} \qquad Z = -f\dfrac{Z_1}{X_1-f} \, .
\end{cases}
$$

Les complexes pour lesquels cette condition est réalisée sont appelés *symétriques*. Cette dénomination n'implique pas que les éléments matériels qui constituent l'appareil soient disposés symétriquement. Il signifie simplement que les éléments cardinaux du système, c'est-à-dire ses foyers et ses points nodaux sont symétriques par rapport à un certain plan de front.

La puissance d'un système symétrique est l'inverse de sa focale. Elle est aussi affectée d'un signe.

On appelle proximité de deux points, ou d'un point et d'un plan, l'inverse de leur distance. Si ξ et ξ_1 sont les proximités de deux points conjugués aux plans principaux, et φ la puissance du système, l'équation de Gauss s'écrit

$$\xi_1 - \xi = \varphi.$$

(23). Des coordonnées réduites. — Considérons un système rapporté à deux plans conjugués, et deux plans de front P et P_1 également conjugués, dont les distances aux deux premiers soient respectivement M et M_1. Soient Y et Z les coordonnées d'un point situé dans P, Y_1 et Z_1 celles de son image dans P_1.

Désignons par l la longueur d'un segment de droite dans le plan P, et par l_1 celle de son image ; on appelle coordonnées réduites les quantités yz et y_1z_1 données par les formules

$$y = \frac{Y}{l}$$
$$z = \frac{Z}{l} \, .$$

$$y_i = \frac{Y_i}{l_i}$$

$$z_i = \frac{Z_i}{l_i}.$$

Lorsque P et P$_i$ se déplacent et restent conjugués, M et M$_i$ changent de valeur, l peut être une fonction quelconque de M. Par exemple on peut supposer que les deux quantités varient proportionnellement. On voit facilement que dans ce cas l_i variera aussi proportionnellement à M$_i$. Si l'on désigne par λ et λ_i deux longueurs conjuguées dans les plans des YZ et des Y$_i$Z$_i$, n et n_i les indices des deux milieux extrêmes on pourra prendre

$$l = \frac{M}{n\lambda} \qquad l_i = \frac{M_i}{n_i\lambda_i}.$$

On vérifiera facilement que l et l_i sont deux longueurs conjuguées; on remarquera que l'on a :

$$\frac{n\lambda l}{M} = \frac{n_i\lambda_i l_i}{M_i}$$

Les coordonnées réduites y et y_i d'une part, et z et z_i de l'autre, sont égales entre elles; en effet les rapports $\frac{y}{y_i}$ et $\frac{z}{z_i}$ sont égaux au grossissement $\frac{l}{l_i}$. Donc $\frac{y}{l} = \frac{y_i}{l_i}$ et $\frac{z}{l} = \frac{z_i}{l_i}$. On a par suite dans l'optique de Gauss

$$y_i - y = z_i - z = 0$$

Quand l'optique de Gauss, qui n'est qu'une approximation, n'est plus applicable, les quantités $y_i - y$ et $z_i - z$ ne peuvent plus être considérées comme nulles; elles représentent ce que l'on appelle les aberrations suivant les axes.

(24). **Construction de l'image d'un point.** — Considérons (fig. 32) un point A et cherchons son image A$_i$. Soient P et P$_i$, F et F$_i$ les points principaux et focaux; soient I et I$_i$ les points où les plans de front de A et A$_i$ rencontrent l'axe. Ces plans sont conjugués et on déduira facilement le second du premier; si X et X$_i$ sont leurs distances à F et F$_i$, nous aurons X$_i$ par la formule

$$X_i = \frac{f f_i}{X}$$

f et f_i étant les focales du système.

Le plan de front du point I_1 est un premier lieu de A_1; pour en avoir un second, menons AP. Nous avons vu que le conjugué d'un

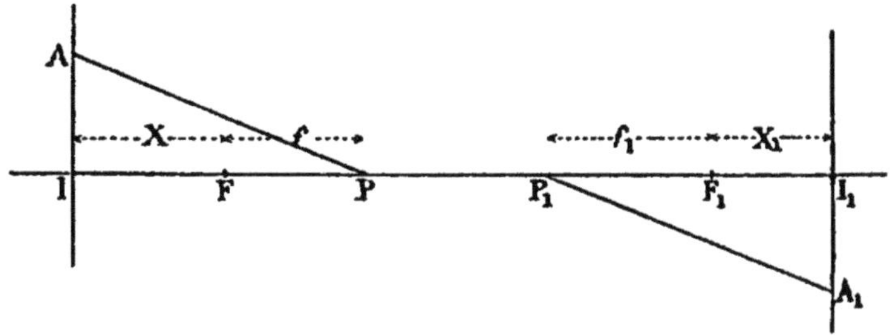

Fig. 23.

rayon passant par un point principal, passe par le second point principal. Pour avoir sa direction on calculera l'angle θ_1 qu'il forme avec l'axe par la formule

$$\frac{\tang \theta_1}{\tang \theta} = -\frac{f_1}{f}$$

θ étant l'angle IPA.

La construction se simplifie beaucoup pour les systèmes symétriques; il suffit de mener P_1A_1 parallèle à PA.

CHAPITRE IV

COMBINAISON DE SYSTÈMES AYANT MÊME AXE

(25). Combinaison de deux systèmes quelconques. — Soient deux systèmes quelconques S_1 et S_2 donnés par leurs foyers $F_1 F'_1$, $F_2 F'_2$, et par leurs focales $f_1 f'_1$ et $f_2 f'_2$. Soit Σ le complexe résultant de leur combinaison, Φ et Φ' ses foyers, F et F' ses focales.

Commençons par déterminer la position de Φ et Φ'; soient Δ, l et l' les distances $F'_1 F_2$, ΦF_1 et $F'_2 \Phi'$. Je dis que le point Φ est le con-

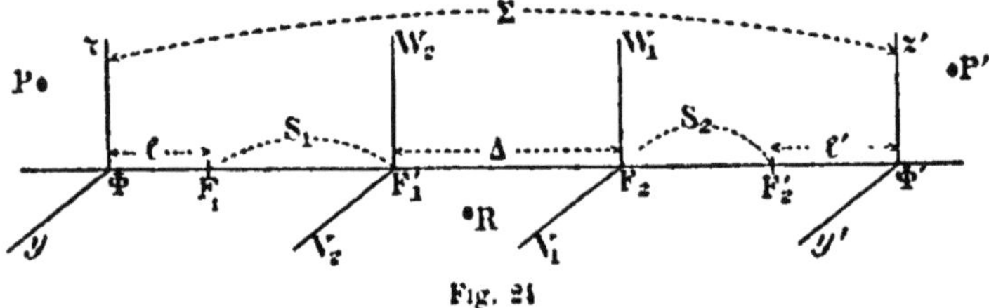

Fig. 21

jugué de F_2 par rapport à S_1. En effet, tout faisceau de rayons cheminant de droite à gauche et parallèle à l'axe viendra converger, après passage dans S_2, au foyer F_2; puis après réfraction dans S_1, il convergera au point Φ conjugué de F_2 par rapport à S_1. De même F'_1 et Φ' sont conjugués par rapport à S_2. On aura donc les relations

$$l\Delta = f_1 f'_1 \qquad l'\Delta = f_2 f'_2 \tag{1}$$

En outre, les points F_1 et F'_2 sont conjugués par rapport à Σ. Les rayons partant du foyer F_1, après réfraction dans S_1, deviennent parallèles à l'axe ; après avoir traversé S_2 ils viennent donc converger au foyer F'_2. Les distances l et l' des deux points conjugués F_1 et F'_2 aux foyers Φ et Φ' sont liées par la relation

$$ll' = FF'. \tag{2}$$

On déduit de (1) et (2)

$$FF' = \frac{f_1 f'_1 f_2 f'_2}{\Delta^2} . \tag{3}$$

Si n et n' sont d'ailleurs les indices des milieux extrêmes, ν celui du milieu intermédiaire on a

$$\frac{F}{F'} = \frac{n}{n'}$$

$$\frac{f_1}{f'_1} = \frac{n}{\nu} \qquad\qquad \frac{f_2}{f'_2} = \frac{\nu}{n'} .$$

D'où

$$\frac{F}{F'} = \frac{f_1 f_2}{f'_1 f'_2} . \tag{4}$$

on tire de (3) et (4)

$$F = \frac{f_1 f_2}{\Delta} \qquad\qquad F' = \frac{f'_1 f'_2}{\Delta} .$$

(26). **Combinaison de deux systèmes symétriques.** — Le complexe résultant de deux systèmes symétriques, l'est également. Si F est sa focale, f_1 et f_2 celles des systèmes composants, Δ la distance de leurs foyers intérieurs, a celle des points principaux intérieurs on aura

$$F = \frac{f_1 f_2}{\Delta} = \frac{f_1 f_2}{f_1 + f_2 - a} .$$

Si Φ, φ_1 et φ_2 sont les puissances du complexe et des systèmes composants, on déduit de l'équation précédente

$$\Phi = \varphi_1 + \varphi_2 - a\varphi_1\varphi_2.$$

(27). **Combinaison d'un nombre quelconque de systèmes symétriques.** — Considérons un nombre quelconque de systèmes ayant pour foyers $F_1 F'_1$, $F_2 F'_2$,... (fig. 25). Prenons le conjugué P_1

de F'_1 par rapport au second système, puis le conjugué P_2 de P_1 par rapport au troisième et ainsi de suite. Le point P_1 sera le foyer postérieur du complexe formé par les deux premiers, le

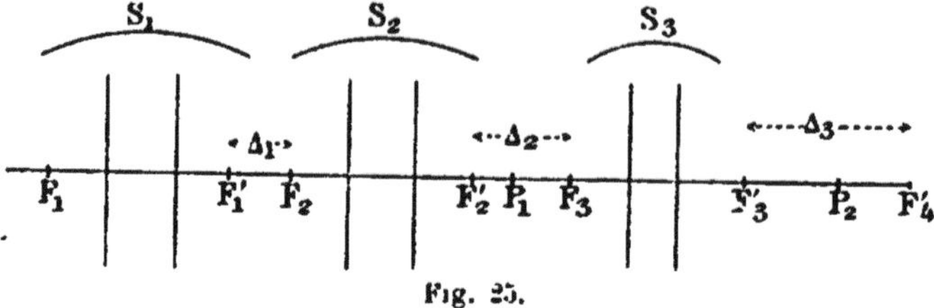

Fig. 25.

point P_2 celui du complexe formé par les trois premiers, etc. Soient a_1, a_2, a_3.. les longueurs F'_1F_2, P_1F_3, P_2F_4, P_3F_5... Écrivons :

$$a_1 = -\Delta_1$$
$$a_2 = -\Delta_2 + \frac{f_1^2}{a_1}$$
$$a_3 = -\Delta_3 + \frac{f_2^2}{a_2}$$

. . . .

Le complexe formé par les deux premiers systèmes aura pour puissance

$$\Phi_2 = \varphi_1 + \varphi_2 - a_1\varphi_1\varphi_2.$$

Si l'on combine le troisième avec les précédents on trouve

$$\Phi_3 = \Phi_2 + \varphi_3 - a_2\Phi_2\varphi_3.$$

On pourra calculer de proche en proche la puissance d'un système quelconque.

(28). **Systèmes télescopiques.** — Soient deux systèmes S_1 et S_2; imaginons que le foyer antérieur de S_2, F (fig. 26) coïncide avec le foyer postérieur de S_1. Nous nous bornerons à envisager le cas où S_1 et S_2 sont l'un et l'autre symétriques. On reconnaît facilement que les foyers et les points principaux sont rejetés à l'infini, et que la puissance est nulle : c'est ce qu'on appelle un système télescopique.

Soient F_1 le foyer antérieur de S_1, F_2 le foyer postérieur de S_2, f_1 et f_2 les focales; rapportons nos points à trois systèmes d'axes $F_1Xy_1z_1$, $FXyz$, $F_2Xy_2z_2$. Soient P_1 un point dans le plan des

objets, $x_1 y_1 z_1$ ses coordonnées par rapport aux premiers axes,
P son image par rapport à S_1, xyz les coordonnées de P par rapport aux seconds axes ; soit enfin P_2 l'image de P par rapport à

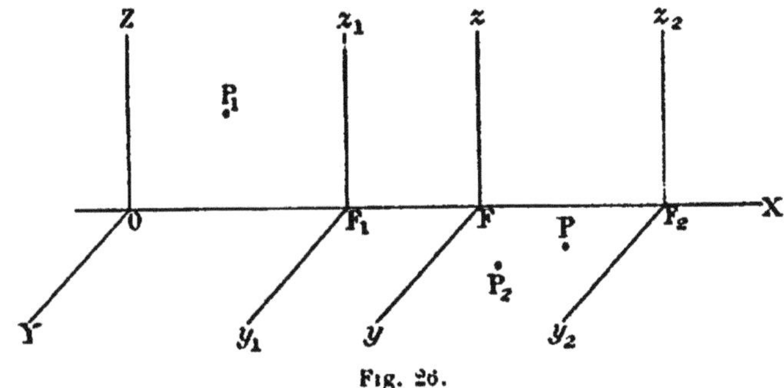

Fig. 26.

S_2 et $x_2 y_2 z_2$ ses coordonnées par rapport au troisième système
d'axes. P_1 et P_2 sont conjugués par rapport au complexe résultant. Nous aurons

$$x_1 x = -f_1^2 \qquad \frac{y_1}{y} = -\frac{f}{x} \qquad \frac{z_1}{z} = -\frac{f_1}{x}$$

$$x_2 x = -f_2^2 \qquad \frac{y_2}{y} = \frac{f_2}{x} \qquad \frac{z_2}{z} = \frac{f_2}{x'}.$$

D'où l'on déduit

$$\frac{x_2}{x_1} = \frac{f_2^2}{f_1^2} \qquad \frac{y_2}{y_1} = -\frac{f_2}{f_1} \qquad \frac{z_2}{z_1} = -\frac{f_2}{f_1}.$$

Posons $\frac{f_2}{f_1} = G$; G est le *grossissement du système*. Prenons pour
origine unique un point O tel que $\frac{OF_2}{OF_1} = \frac{f_2^2}{f_1^2}$; O est le *centre de
télescopie* ; soient $X_1 Y_1 Z_1$, $X_2 Y_2 Z_2$ les coordonnées nouvelles de
P_1 et P_2, nous arrivons aux formules

$$\frac{X_2}{X_1} = G^2 \qquad \frac{Y_2}{Y_1} = \frac{Z_2}{Z_1} = -G.$$

Un système de cette nature est défini par son centre de télescopie
et son grossissement.

Si une figure de front s'éloigne à l'infini, son image lui est
semblable et s'éloigne aussi indéfiniment.

Si on compose deux systèmes télescopiques de grossissement
G_1 et G_2, le complexe résultant est également télescopique et son
grossissement est égal à $G_1 G_2$.

CHAPITRE V

ÉTUDE GÉOMÉTRIQUE DES SURFACES D'ONDE

(29). Des aberrations — (30). Surfaces focales des ondes — (31). Cas où la surface possede un plan de symétrie. — (32). Cas des ondes de faible dimension. — (33). Aberrations qui troublent l'image. — (34). Aberrations qui déforment l'image.

(29). Des aberrations. — Nous avons vu que les aberrations sont dues au défaut de sphéricité des ondes. On peut les étudier soit par la géométrie soit par l'analyse. Nous emploierons successivement les deux méthodes.

(30). Surfaces focales des ondes. — On étudie ces surfaces au moyen de leurs *focales*. Rappelons d'abord au sujet de ces dernières quelques théorèmes qui sont classiques ou facilement démontrables :

1° Si l'on considère une surface S et toutes les sections normales passant par le point P, il en existe deux C_1 et C_2 (fig 27) pour lesquelles la courbure est maxima ou minima ; on les appelle sections principales et elles sont perpendiculaires entre elles. Leurs centres de courbure F_1 et F_2 qui sont évidemment sur la normale en P portent le nom de centres de courbure principaux.

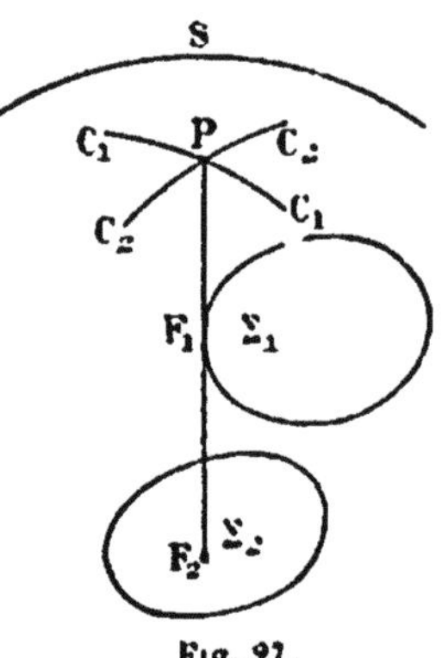

Fig. 27.

2° Le lieu des points F_1 et F_2 se compose de deux surfaces Σ_1 et Σ_2 qu'on appelle les focales de S. Deux points F_1 et F_2 situés sur une même normale sont dit conjugués.

3° Toute normale à S est tangente à Σ_1 et à Σ_2.

4° Tout plan tangent à l'une des focales, Σ_1 par exemple, passe

par le point F_2 conjugué de son point de contact F_1, et est normal
en F_2 à la seconde focale Σ_2.

(31). Cas où la surface S possède un plan de symétrie. — Un

cas remarquable est celui où la surface S présente un plan de

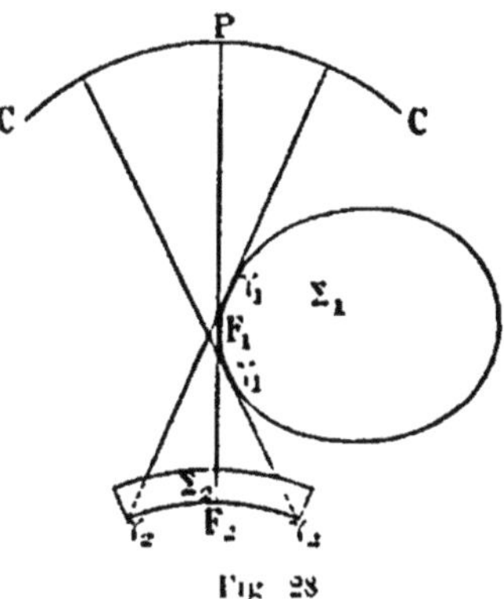
Fig 28

symétrie II ; elle est coupée par lui
suivant une ligne C, et, si celle-ci
ne présente pas de singularités, II
est normal à la surface S en tous
les points de C.

Projetons toute la figure sur le
plan II. C étant en chacun de ses points
une section normale, est, en raison de
la symétrie et également en chacun
de ses points, section principale. Le
lieu de ses centres de courbure $\gamma_1 \gamma_1$
appartient à la première focale Σ_1

Celle-ci admet comme plan de symétrie le plan II, qui lui est normal en tous les points de $\gamma_1 \gamma_1$. Elle n'offre en général aucune
singularité.

Il n'en est pas de même de la seconde focale Σ_2. Elle présente
une arête de rebroussement dans le plan II. En effet, le lieu du
second centre de courbure F_2 correspondant aux divers points
de la courbe C est une certaine courbe $\gamma_2 \gamma_2$. Le long de cette
courbe, Il est d'après ce qui a été dit plus haut tangent à la surface Σ_2 Or, il est évident que quand un plan de symétrie est tangent à une surface le long d'une courbe, celle-ci est arête de
rebroussement.

Ainsi la première surface Σ_1 n'offre pas, en général, de singularité, et la surface Σ_2 présente une arête de rebroussement dans
le plan de symétrie.

(32). Cas des ondes de faible dimension. — Soit O un appareil

optique, P la pupille de sortie, ω le centre de celle-ci, ω X l'axe du
système Considérons un point M excentrique, c'est-à-dire exté-
rieur à l'axe et un faisceau lumineux qui en émane et traverse O
(fig. 29).

On appelle axe du faisceau le rayon issu de M qui passe par les centres des pupilles ; plan méridien du point M le plan qui le contient ainsi que l'axe XX', plans sagittaux les plans qui passent

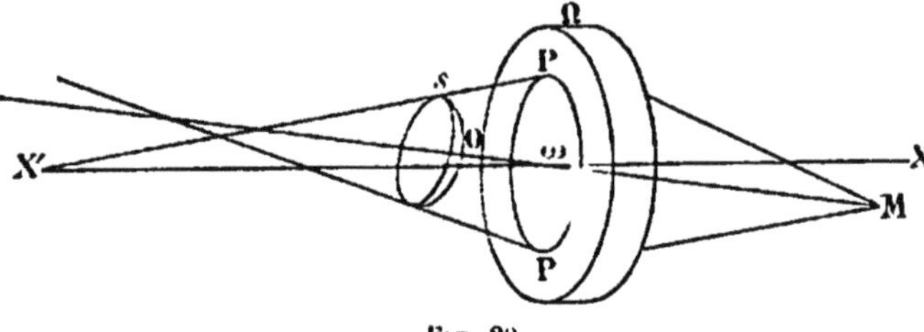

Fig. 29.

par l'axe du faisceau dans le champ des objets et dans le champ des images, et qui sont perpendiculaires au méridien.

Toute onde qui traverse Ω se brise sur les bords de la pupille et se réduit à une calotte de petite dimension *s* ; le point O, où elle est percée par l'axe du faisceau est ce point central. Le méridien est évidemment plan de symétrie pour le faisceau et l'onde. On peut pour une première approximation assimiler cette surface à une calotte ellipsoïdale.

(33) Aberrations qui troublent l'image. — *Astigmatisme* Considérons (fig. 30) une surface d'onde issue d'un point M et ayant

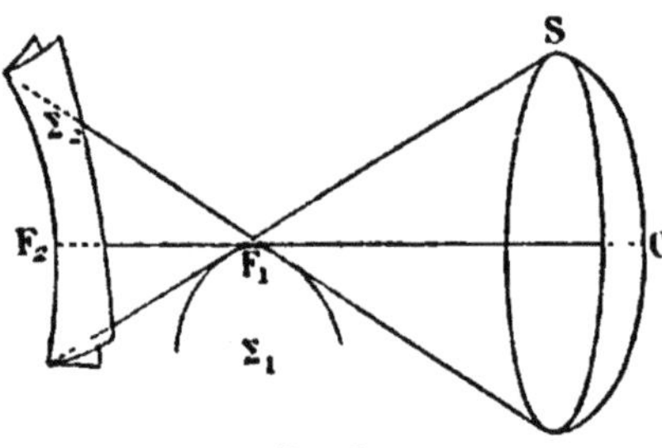

Fig. 30.

traversé un appareil optique. Si nous n'envisageons que les rayons situés dans le plan méridien, ils vont après émergence converger sensiblement vers le centre de courbure de la section méridienne de l'onde, c'est-à-dire qu'ils passeront tous dans le voisinage d'un point F_1. Si nous envisageons ceux qui sont situés dans les plans sagittaux, nous voyons qu'ils viendront tous passer au voisinage d'un point F_2. F_1 et F_2 sont appelés l'un le foyer méridien, l'autre le foyer sagittal du point M.

Coupons le faisceau lumineux au point F_2 par un écran perpendiculaire à son axe. Tous les rayons étant tangents à la surface Σ_2, passent au voisinage de F_2, très près du plan méridien. Ce faisceau forme donc en ce point une nappe mince verticale ; sa

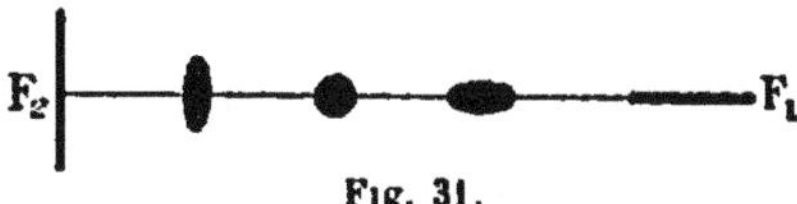

Fig. 31.

section sera un trait vertical extrêmement ténu. Pour une raison analogue sa section en F_1 sera un trait mince horizontal. Si on promène l'écran de F_2 à F_1 la tache lumineuse prendra successivement la forme d'un ovale allongé dans le sens vertical, puis d'un cercle, puis d'un ovale allongé dans le sens horizontal et enfin d'un trait horizontal (fig. 31).

La première condition pour avoir une bonne image est que les foyers méridiens et sagittaux coïncident ; si cette condition n'est pas remplie, l'aberration qui en résulte porte le nom d'*astigmatisme*.

Aigrette. — Supposons que l'appareil Ω soit combiné de façon

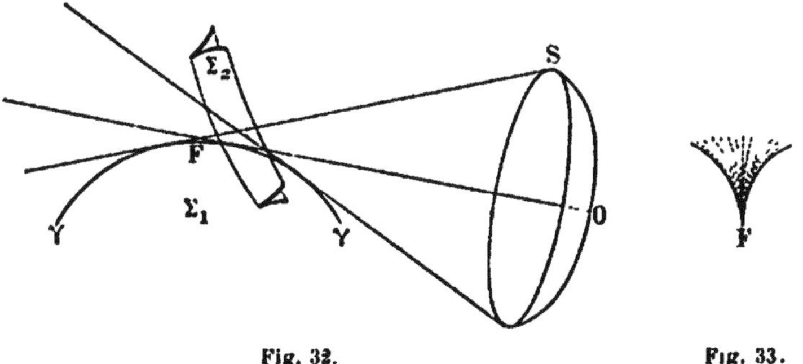

Fig. 32. Fig. 33.

que les foyers F_1 et F_2 se réunissent en un seul F (fig. 32). Les courbures des sections principales en O sont égales ; O est un *ombilic*. En général la courbe γ ne présente point de singularité en F. Si on coupe le faisceau lumineux en F par un écran perpendiculaire à l'axe, les rayons le perceront tous du même côté de F (en dessus dans le cas de la figure) ; la tache présentera la forme indiquée par la figure 33.

Cette aberration porte le nom d'aigrette ; elle provient de ce que le faisceau est dissymétrique par rapport au point F ; il se trouve tout entier du même côté.

Pour que ce défaut soit corrigé il faut et il suffit que le plan sagittal soit plan de symétrie. Si cette condition est réalisée O est à la fois un ombilic et un sommet de l'ellipsoïde auquel appartient la calotte S. Cet ellipsoïde est de révolution.

Aberration sphérique. — Quand l'astigmatisme et l'aigrette sont détruits, les rayons ne viennent pas encore converger au même foyer ; l'ellipsoïde S étant de révolution, la focale Σ l'est également ; c'est la surface engendrée par la rotation autour de l'axe OF de la développée de l'ellipse méridienne ; elle se termine par une pointe en F. Si l'on y présente un écran, le faisceau étant de révolution, donnera une tache circulaire, dont l'éclat ira en diminuant

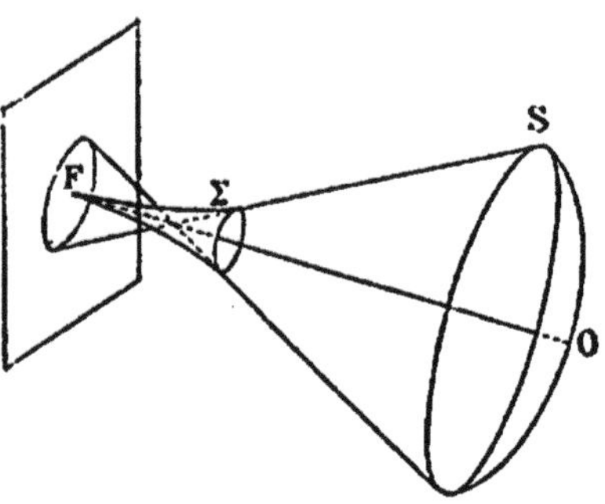

Fig. 34.

du centre vers les bords, c'est ce qu'on appelle l'*aberration sphérique*. On la corrige en disposant l'appareil optique de telle sorte que la courbure de l'onde varie aussi peu que possible du centre à la périphérie, c'est-à-dire qu'elle se rapproche autant que possible de la forme sphérique.

Remarque sur les aberrations. — L'astigmatisme et l'aigrette disparaissent lorsque le point objet est situé sur l'axe. Dans ce cas en effet le faisceau émergent est de révolution et l'aberration sphérique subsiste seule.

En général dans les appareils imparfaitement corrigés les trois aberrations existent simultanément et se superposent. Elles ont pour effet de donner pour image d'un point, non pas un autre point, mais une tache ; les autres aberrations dont nous allons maintenant parler déforment les images mais ne troublent pas leur netteté.

(34). Aberrations qui déforment l'image. — Nous avons dit qu'un plan de front a pour conjugué un plan de front et que les figures tracées dans le premier donnent pour images des figv** s semblables dans le second. Si l'appareil est imparfait, les conclusions auxquelles nous sommes parvenus en supposant l'homographie parfaite ne se réaliseront plus d'une manière complète.

1° Supposons d'abord que l'appareil détruise l'astigmatisme, c'est-à-dire que chaque point n'ait qu'un foyer unique. Soit Π un

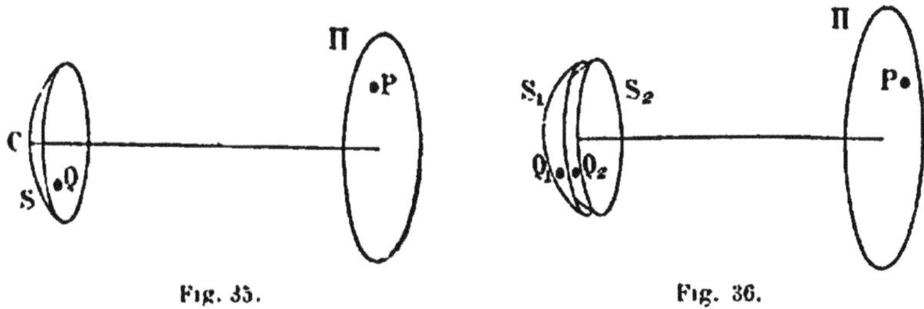

Fig. 35.   Fig. 36.

plan de front, chacun de ses points P n'aura qu'une seule image Q (fig. 35), et le lieu de ces images, en vertu de la symétrie de révolution, sera elle-même une surface de révolution ; mais ce ne sera pas nécessairement un plan. La courbure de sa section méridienne au sommet est ce qu'on appelle la *courbure du champ*.

2° Si l'appareil est astigmatique, chaque point P aura deux images Q_1 et Q_2 (fig. 36), au plan Π correspondront deux surfaces qui seront encore de révolution ; il y aura donc deux *courbures du champ*, l'une *méridienne*, l'autre *sagittale*.

Admettons maintenant que la courbure du champ n'existe pas. Une figure de front ABC aura pour image une figure de front $A_1 B_1 C_1$ mais, si l'appareil est imparfait, elles ne seront pas semblables ; soit OO_1 l'axe optique ; il est évident qu'en vertu de la symétrie de révolution les rayons vecteurs OA, OB, OC et leurs conjugués OA_1, OB_1, OC_1 formeront entre eux les mêmes angles, puisque chaque rayon vecteur et son conjugué sont situés dans un même méridien. Mais il pourra se faire que les longueurs de ces vecteurs ne soient pas proportionnelles; le rapport $\dfrac{\rho}{r}$ ne sera plus

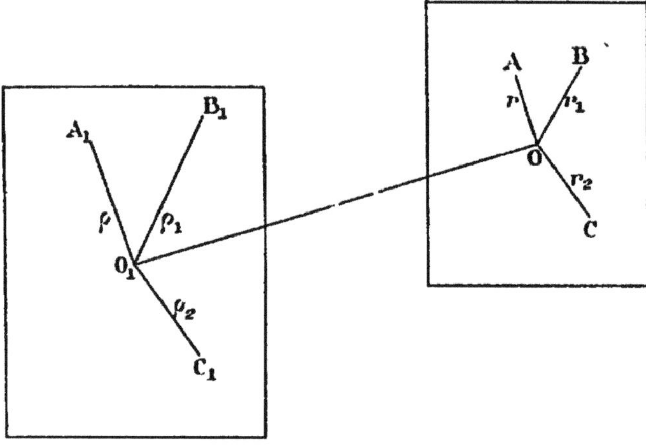

Fig. 37.

constant mais sera une fonction $\varphi(r)$ qui peut être plus ou moins compliquée; il y a lieu de distinguer deux cas suivant que φ est croissante ou décroissante lorsque r augmente.

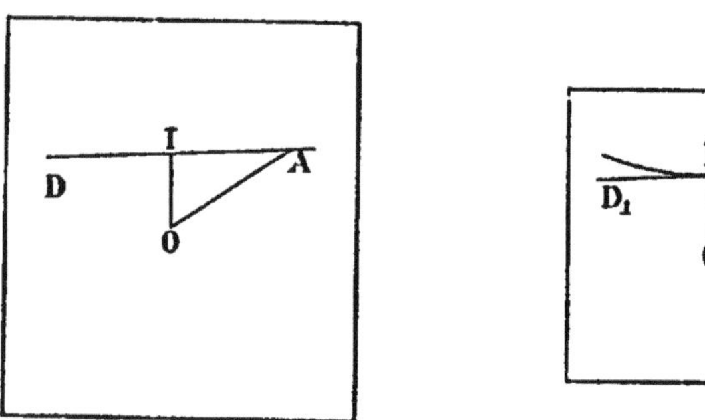

Fig. 38.

1° φ croît avec r. Considérons une droite D. Si φ était constant l'image de D serait une autre droite D_1. Mais comme le rayon ρ croît plus vite que r, l'image d'un point A ne se formera pas en A' sur la droite D, mais en un point plus éloigné du centre, A_1. L'image de D sera donc une courbe tournant sa concavité vers l'extérieur. Un carré MNPQ aura pour image un quadrilatère

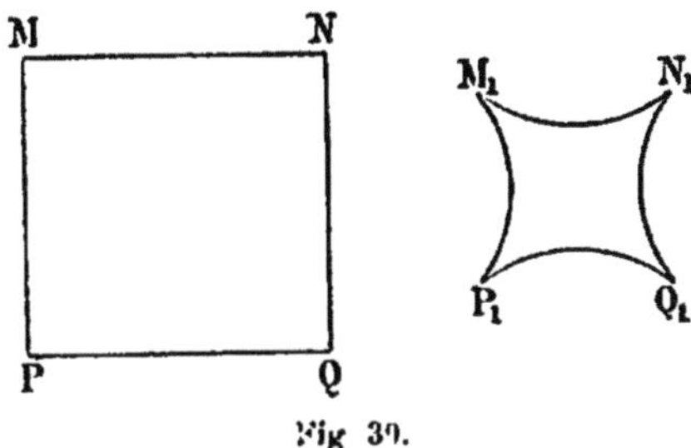

Fig. 39.

curviligne tel que $M_1 N_1 P_1 Q_1$ (fig. 39). Il forme ce que l'on appelle la *pelote*.

2° φ décroît quand r augmente. Le même phénomène se produit

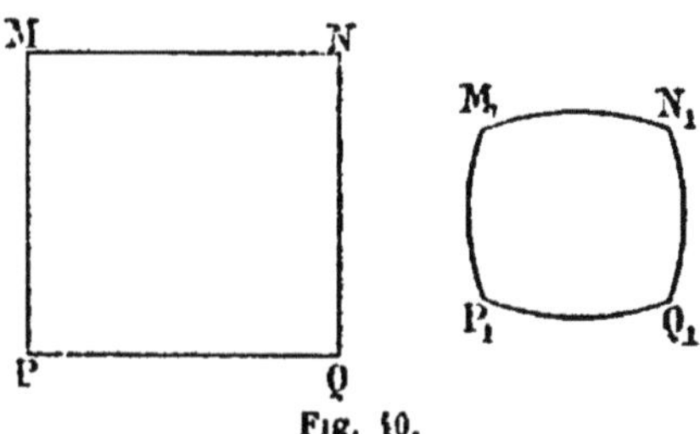

Fig. 40.

en sens inverse. Un carré MNPQ a pour image un quadrilatère tel que $M_1 N_1 P_1 Q_1$; c'est le *barillet* (fig. 40).

Cette déformation de l'image qui donne une ligne courbe à la place d'une ligne droite porte le nom de distorsion.

CHAPITRE VI

DE L'EIKONAL

(35). Fonction caractéristique d'Hamilton. — Soient n_1 et n_2 les indices de réfraction dans deux milieux extrêmes, L la distance optique de deux points P_1 et P_2, dont les coordonnées sont x_1, y_1, z_1, x_2, y_2, z_2, et qui sont situés l'un dans le champ des objets, l'autre dans le champ des images; L est une fonction de leurs coordonnées, et l'on peut écrire :

$$L = V(x_1, y_1, z_1, x_2, y_2, z_2).$$

Si nous laissons $x_2 y_2 z_2$ constants, et que nous considérions x_1, y_1, z_1 comme des coordonnées courantes, l'équation $V = k$ représentera le lieu des points qui sont à une distance optique constante d'un foyer lumineux P_1, c'est-à-dire une surface d'onde dans le champ des objets. Si m_1, p_1, q_1 sont les cosinus directeurs de la normale, qui n'est autre que le rayon, on aura :

$$m_1 = \frac{\dfrac{\partial V}{\partial x_1}}{\sqrt{\left(\dfrac{\partial V}{\partial x_1}\right)^2 + \left(\dfrac{\partial V}{\partial y_1}\right)^2 + \left(\dfrac{\partial V}{\partial z_1}\right)^2}}.$$

$$p_1 = \frac{\dfrac{\partial V}{\partial y_1}}{\sqrt{\left(\dfrac{\partial V}{\partial x_1}\right)^2 + \left(\dfrac{\partial V}{\partial y_1}\right)^2 + \left(\dfrac{\partial V}{\partial z_1}\right)^2}}.$$

$$q_1 = \frac{\dfrac{\partial V}{\partial z_1}}{\sqrt{\left(\dfrac{\partial V}{\partial x_1}\right)^2 + \left(\dfrac{\partial V}{\partial y_1}\right)^2 + \left(\dfrac{\partial V}{\partial z_1}\right)^2}}.$$

On trouverait encore, m_2, p_2 et q_2 étant les cosinus directeurs du rayon émergent :

$$m_2 = \frac{\dfrac{\partial V}{\partial x_2}}{\sqrt{\left(\dfrac{\partial V}{\partial x_2}\right)^2 + \left(\dfrac{\partial V}{\partial y_2}\right)^2 + \left(\dfrac{\partial V}{\partial z_2}\right)^2}},$$

$$p_2 = \frac{\dfrac{\partial V}{\partial y_2}}{\sqrt{\left(\dfrac{\partial V}{\partial x_2}\right)^2 + \left(\dfrac{\partial V}{\partial y_2}\right)^2 + \left(\dfrac{\partial V}{\partial z_2}\right)^2}},$$

$$q_2 = \frac{\dfrac{\partial V}{\partial z_2}}{\sqrt{\left(\dfrac{\partial V}{\partial x_2}\right)^2 + \left(\dfrac{\partial V}{\partial y_2}\right)^2 + \left(\dfrac{\partial V}{\partial z_2}\right)^2}},$$

Soit Σ (fig. 41) la surface représentée par l'équation $V = k$ où nous considérons encore x_2, y_2, z_2 comme des constantes, et x_1, y_1, z_1 comme les coordonnées courantes. Prenons sur le prolongement du rayon, c'est-à-dire sur la normale, une longueur $P_1 Q_1 = \delta l_1$. L'accroissement de la fonction V, quand on passera de P_1 à Q_1, sera :

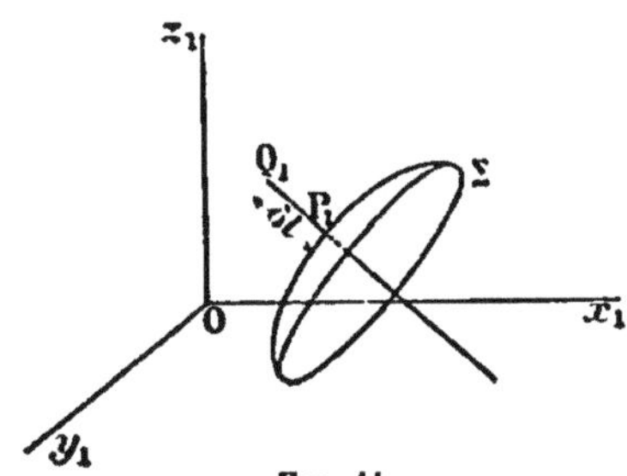

Fig. 41.

$$\delta V = \frac{\partial V}{\partial x_1} \delta x_1 + \frac{\partial V}{\partial y_1} \delta y_1 + \frac{\partial V}{\partial z_1} \delta z_1,$$

δx_1, δy_1 et δz_1 étant les projections de $P_1 Q_1$ sur les axes, c'est-à-dire égaux à $m_1 \delta l_1$, $p_1 \delta l_1$, $q_1 \delta l_1$.

On aura :

$$\delta V = \delta l_1 \left[m_1 \frac{\partial V}{\partial x_1} + p_1 \frac{\partial V}{\partial y_1} + q_1 \frac{\partial V}{\partial z_1} \right] = \delta l_1 \sqrt{\left(\frac{\partial V}{\partial x_1}\right)^2 + \left(\frac{\partial V}{\partial y_1}\right)^2 + \left(\frac{\partial V}{\partial z_1}\right)^2}.$$

D'ailleurs δV est la différentielle de la longueur optique du rayon ou $n_1 \delta l_1$. Donc :

$$\delta l_1 \sqrt{\left(\frac{\partial V}{\partial x_1}\right)^2 + \left(\frac{\partial V}{\partial y_1}\right)^2 + \left(\frac{\partial V}{\partial z_1}\right)^2} = n_1 \delta l_1.$$

D'où :

$$\left(\frac{\partial V}{\partial x_1}\right)^2 + \left(\frac{\partial V}{\partial y_1}\right)^2 + \left(\frac{\partial V}{\partial z_1}\right)^2 = n_1^2$$

$$m_1 = n_1 \frac{\partial V}{\partial x_1}, \qquad p_1 = n_1 \frac{\partial V}{\partial y_1}, \qquad q_1 = n_1 \frac{\partial V}{\partial z_1},$$

$$\left(\frac{\partial V}{\partial x_2}\right)^2 + \left(\frac{\partial V}{\partial y_2}\right)^2 + \left(\frac{\partial V}{\partial z_2}\right)^2 = n_2^2$$

$$m_2 = n_2 \frac{\partial V}{\partial x_2}, \qquad p_2 = n_2 \frac{\partial V}{\partial y_2}, \qquad q_2 = n_2 \frac{\partial V}{\partial z_2}.$$

Les dérivées partielles de V sont, à un coefficient constant près, les cosinus directeurs du rayon incident ou émergent. La fonction V a été nommée par Hamilton la fonction caractéristique du système.

(36). De l'Eikonal. — L'Eikonal est une filiale de la fonction caractéristique d'Hamilton. Soit F_1 le plan des objets, F_2 celui des images, I_1 et I_2 les points où ils sont rencontrés par l'axe, P_1 et P_2 les traces d'un rayon sur ces deux plans, H_1 et H_2 les pieds des

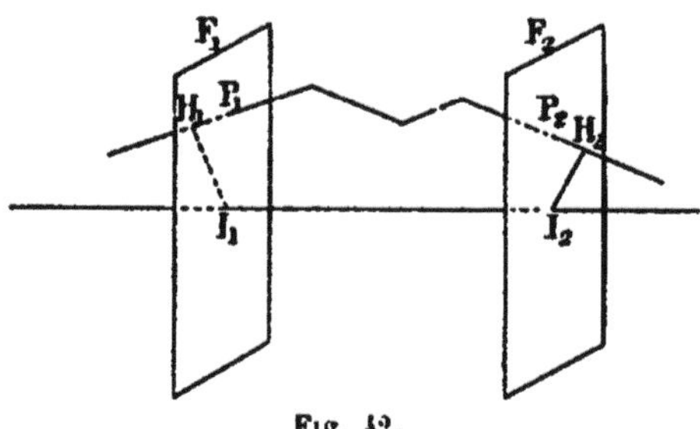

Fig. 42.

perpendiculaires abaissées de I_1 et I_2 sur le rayon incident et le rayon émergent. Pour étudier les aberrations il est commode de considérer non pas la distance optique des points P_1 et P_2, mais celle des points H_1 et H_2. C'est à la fonction qui représente cette longueur que l'on donne le nom d'*Eikonal*.

(37). Calcul de la différentielle d'une longueur optique. — Considérons (fig. 43) un rayon traversant successivement divers milieux; nous supposerons d'abord que les deux milieux extrêmes, celui des objets et celui des images, soient l'atmosphère ; leur indice de réfraction pourra être pris égal à l'unité. Soient X_1, Y_1, Z_1, X_2, Y_2, Z_2, les coordonnées de ses deux extrémités par rapport à leurs axes respectifs. Soient encore $X_1 + \delta X_1$, $Y_1 + \delta Y_1$, $Z_1 + \delta Z_1$,

$X_2 + \delta X_2$, $Y_2 + \delta Y_2$, $Z_2 + \delta Z_2$, les coordonnées des extrémités Q_1 et Q_2 de rayons infiniment voisins. Nous avons vu que la différence δL

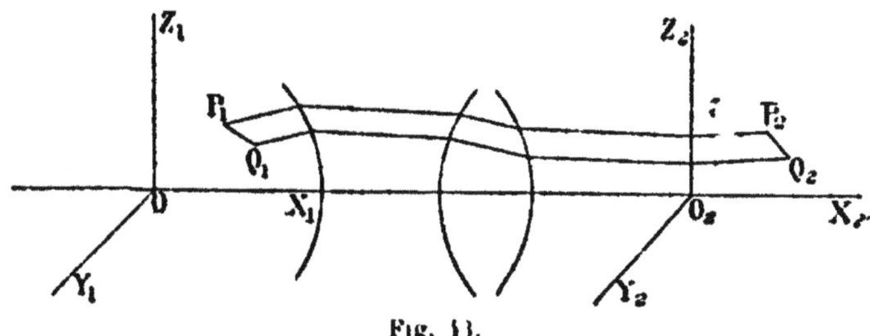

Fig. 13.

des longueurs optiques des deux rayons est la différence des projections de P_1Q_1 et P_2Q_2 sur P_1P_2. Si m_1, p_1 et q_1, m_2, p_2 et q_2 sont les cosinus directeurs du rayon en P et P_1,... nous aurons :

$$\delta L = m_2 \delta X_2 + p_2 \delta Y_2 + q_2 \delta Z_2 - m_1 \delta X_1 - p_1 \delta Y_1 - q_1 \delta Z_1. \tag{1}$$

(38). Première expression de l'Eikonal en fonction de p_1, q_1, p_2, q_2. — Pour déterminer la position d'une droite dans l'espace, il faut quatre paramètres. Quatre éléments définissent donc un rayon dans un milieu homogène. Il en est de même pour la trajectoire d'un rayon qui traverse un appareil optique : c'est

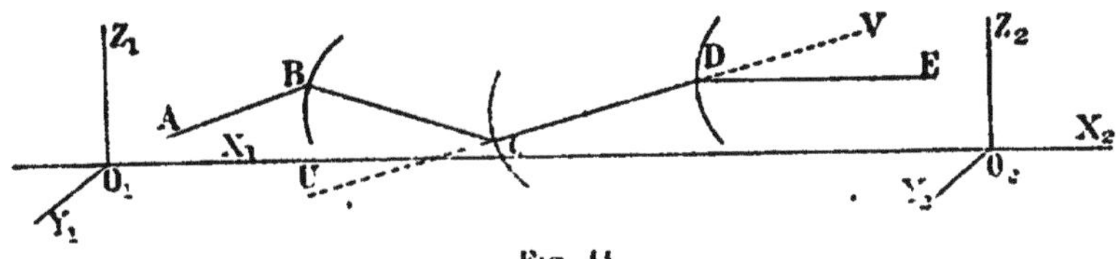

Fig. 14

une ligne brisée, formée de plusieurs segments (fig. 44). Mais, si l'on connaît la droite à laquelle appartient l'un quelconque d'entre eux, CD par exemple, tous les autres se trouvent par là même déterminés. Il suffit donc, pour que sa trajectoire soit complètement connue, de nous donner, par exemple, la position de la droite UV que suit l'un des segments du rayon. Ainsi les positions d'un rayon dans le champ des objets et de son conjugué dans le champ des images dépendront de quatre variables.

Soient toujours m_1, p_1 et q_1, m_2, p_2 et q_2, les cosinus directeurs des deux segments extrêmes par rapport à leurs axes respectifs; m_1 et m_2 sont des fonctions de p_1, q_1 et p_2, q_2; car il existe entre ces quantités les relations :

$$m_1 = \sqrt{1 - p_1^2 - q_1^2},$$
$$m_2 = \sqrt{1 - p_2^2 - q_2^2}.$$

Nous prendrons d'abord p_1 et q_1, p_2 et q_2 pour variables indépendantes; quand leurs valeurs seront données, les positions des rayons incident et émergent seront définies; on peut se demander si elles le sont sans ambiguïté; on démontre facilement que, si les surfaces d'onde sont convexes, il ne peut exister qu'une couple de rayons conjugués, ayant chacun une direction donnée.

La longueur optique E de $H_1 H_2$ (fig. 45) sera une fonction de p_1, q_1, p_2, q_2, et l'on aura :

$$E = \varphi\ (p_1, q_1, p_2, q_2).$$

Il convient de prendre pour plans des $Y_1 Z_1$ et des $Y_2 Z_2$ les plans des pupilles. Nous supposerons provisoirement que ceux-ci coïncident avec les plans nodaux, ce qui est pratiquement exact pour un grand nombre d'appareils. Dans le cas contraire, il faudra faire subir à nos formules quelques modifications qui seront indiquées ultérieurement. Notre hypothèse n'a d'ailleurs pour but que de simplifier les écritures.

Le plan de front F_1 est celui dans lequel se trouve l'objet dont on

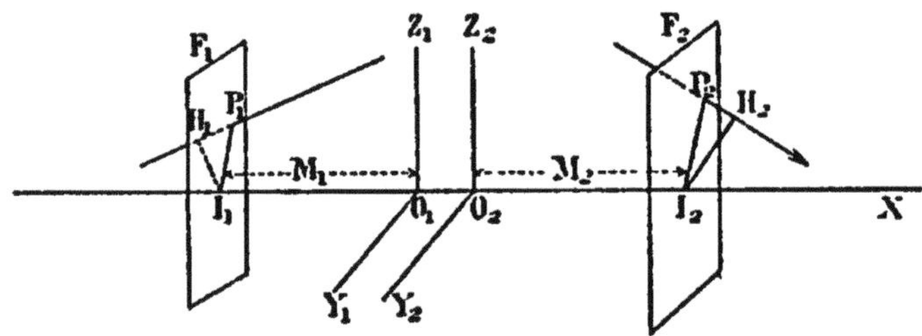

Fig 45.

cherche l'image. Le plan F_2 est celui dans lequel l'image doit se former. I_1 et I_2 sont les points où l'axe perce F_1 et F_2, M_1 et M_2 leurs distances aux origines. Des points tels que P_1 et P_2 situés dans les deux plans F_1 et F_2 ont leurs abscisses constantes et sont déterminés par leurs coordonnées Y_1 et Z_1, Y_2 et Z_2.

Si je désigne par L la longueur optique du rayon P_1P_2 :

$$E = L + P_1H_1 + P_2H_2;$$

P_1H_1 est la projection de I_1P_1 sur la direction de $m_1p_1q_1$, les composantes de I_1P_1 suivant les axes sont o, Y_1 et Z_1. Donc :

$$P_1H_1 = p_1Y_1 + q_1Z_1.$$

On voit facilement que P_2H_2 est donné par la formule :

$$P_2H_2 = - p_2Y_2 - q_2Z_2.$$

Et par suite E est représenté par la formule :

$$E = L + p_1Y_1 + q_1Z_1 - p_2Y_2 - q_2Z_2. \tag{2}$$

Nous supposerons L, Y_1, Z_1, Y_2 et Z_2 exprimés en fonction de p_1, q_1, p_2 et q_2 ;

Considérons (fig. 46) deux rayons P_1P_2 et Q_1Q_2 infiniment voi-

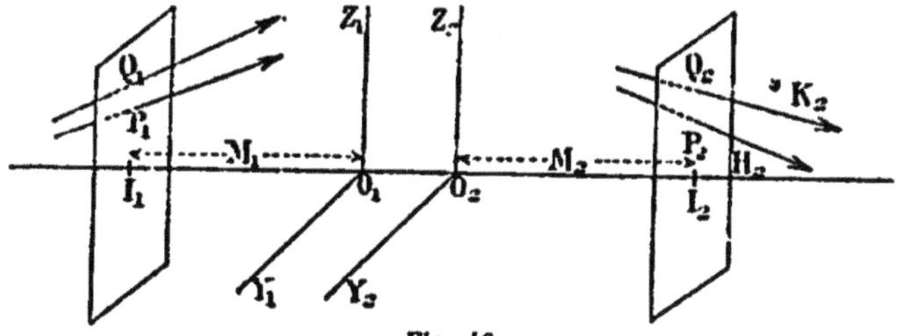

Fig. 16.

sins l'un de l'autre. Soient toujours Y_1, Z_1, Y_2, Z_2 et $Y_1 + \delta Y_1$, $Z_1 + \delta Z_1$, $Y_2 + \delta Y_2$, $Z_2 + \delta Z_2$, les coordonnées de leurs extrémités, L et $L + \delta L$ les longueurs optiques P_1P_2 et Q_1Q_2. En différenciant l'équation (2), on obtient :

$$\delta E = \delta L + \delta (p_1Y_1 + q_1Z_1) - \delta (p_2Y_2 + q_2Z_2).$$

Et en remplaçant δL par sa valeur tirée de (1) au paragraphe précédent et remarquant que δX_1 et δX_2 sont nuls :

$$\delta E = Y_1\delta p_1 + Z_1\delta q_1 - Y_2\delta p_2 - Z_2 dq_2. \tag{3}$$

Les dérivées partielles de E par rapport aux variables sont : Y_1, Z_1, $- Y_2$ et $- Z_2$.

(39). Expression de l'Eikonal en fonction des variables de Seidel.
— Considérons maintenant (fig. 17) deux points R_1 et R_2 pris
sur un même rayon de telle façon que l'on ait $P_1R_1 = M_1$,
$P_2R_2 = M_2$. Soient ξ_1, η_1, ζ_1, ξ_2, η_2 et ζ_2 leurs coordonnées; on
aura évidemment :

$$\frac{\eta_1 - Y_1}{M_1} = p_1.$$

$$\frac{\zeta_1 - Z_1}{M_1} = q_1.$$

$$\frac{\eta_2 - Y_2}{M_2} = p_2.$$

$$\frac{\zeta_2 - Z_2}{M_2} = q_2.$$

Les points R_1 et R_2 ne sont pas situés dans les plans des pupilles,

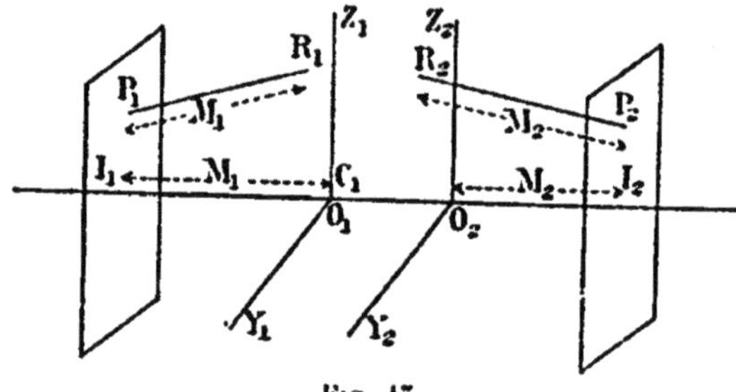

Fig. 17.

mais, comme les lignes P_1R_1 sont très peu inclinées sur l'axe,
ils en seront évidemment très voisins.

On aura en résolvant par rapport aux η, ζ :

$$\eta_1 = Y_1 + M_1 p_1.$$
$$\zeta_1 = Z_1 + M_1 q_1.$$
$$\eta_2 = Y_2 + M_2 p_2.$$
$$\zeta_2 = Z_2 + M_2 q_2.$$

Tirons des équations (4) les valeurs δp_1, δq_1, δp_2 et δq_2 et por-
tons-les dans l'équation (3). Il vient :

$$\delta E = -\frac{Y_1\delta Y_1 + Z_1\delta Z_1}{M_1} + \frac{Y_2\delta Y_2 + Z_2\delta Z_2}{M_2} + \frac{Y_1\delta\eta_1 + Z_1\delta\zeta_1}{M_1} - \frac{Y_2\delta\eta_2 + Z_2\delta\zeta_2}{M_2},$$

ou identiquement :

$$\delta E = \begin{cases} -\dfrac{Y_1 \delta Y_1 + Z_1 \delta Z_1}{M_1} + \dfrac{Y_2 \delta Y_2 + Z_2 \delta Z_2}{M_2}, \\[2mm] +\dfrac{Y_1(\delta \tau_{\iota 1} - \delta \tau_{\iota 2}) + \delta Y_1(\delta \tau_{\iota 1} - \delta \tau_{\iota 2})}{M_1} + \dfrac{Z_1(\delta \zeta_1 - \delta \zeta_2) + \delta Z_1(\zeta_1 - \zeta_2)}{M_1}, \\[2mm] +\left(\dfrac{Y_1}{M_1} - \dfrac{Y_2}{M_2}\right)\delta \tau_{\iota 2} + \left(\dfrac{Z_1}{M_1} - \dfrac{Z_2}{M_2}\right)\delta \zeta_2 + (\tau_{\iota 1} - \tau_{\iota 2})\dfrac{\delta Y_1}{M_1} + (\zeta_1 - \zeta_2)\dfrac{\delta Z_1}{M_1}. \end{cases}$$

Les deux premières lignes représentent la différentielle exacte d'une fonction $-\varphi$, donnée par la formule

$$\varphi = \frac{Y_1^2 + Z_1^2}{2M_1} - \frac{Y_2^2 + Z_2^2}{2M_2} - \frac{Y_1}{M_1}(\tau_{\iota 1} - \tau_{\iota 2}) - \frac{Z_1}{M_1}(\zeta_1 - \zeta_2). \tag{5}$$

Si nous considérons maintenant la fonction S égale à la somme $E + \varphi$, sa différentielle sera :

$$\delta S = \left(\frac{Y_1}{M_1} - \frac{Y_2}{M_2}\right)\delta \tau_{\iota 2} + \left(\frac{Z_1}{M_1} - \frac{Z_2}{M_2}\right)\delta \zeta_2 - (\tau_{\iota 1} - \tau_{\iota 2})\frac{\delta Y_1}{M_1} - (\zeta_1 - \zeta_2)\frac{\delta Z_1}{M_1}.$$

Posons :

$$y_1 = \frac{Y_1}{M_1}, \qquad z_1 = \frac{Z_1}{M_1}, \qquad y_2 = \frac{Y_2}{M_2}, \qquad z_2 = \frac{Z_2}{M_2};$$

y_1, z_1, y_2 et z_2 seront les coordonnées réduites des points P_1 et P_2 :

$$\delta S = (y_1 - y_2)\,\delta \tau_{\iota 2} + (z_1 - z_2)\,\delta \zeta_2 - (\tau_{\iota 1} - \tau_{\iota 2})\,\delta y_1 - (\zeta_1 - \zeta_2)\,\delta z_1. \tag{6}$$

Et φ s'écrira :

$$\varphi = \frac{M_1}{2}(y_1^2 + z_1^2) - \frac{M_2}{2}(y_2^2 + z_2^2) + y_1(\tau_{\iota 2} - \tau_{\iota 1}) + z_1(\zeta_2 - \zeta_1).$$

Notre différentielle δS est exprimée en fonction de δy_1, δz_1, $\delta \tau_{\iota 2}$, $\delta \zeta_2$. On peut considérer S comme fonction de y_1, z_1, $\tau_{\iota 2}$ et ζ_2. $\tau_{\iota 2}$ et ζ_2, coordonnées du point R_2, joueront le rôle de simples paramètres sans signification physique. Mais on peut remplacer le point R_2 par un autre qui nous sera plus utile. Considérons le plan de la pupille matérielle ou *diaphragme* YOZ. Il est séparé du plan de la pupille de sortie par tout ou partie de l'appareil optique (§ 18). Soit G_1 le système qui leur est interposé. YOZ et $Y_2O_2Z_2$ sont conjugués par rapport à G_1. Soit γ le grossissement entre ces deux plans.

Nous considérons : 1° la trace T du rayon sur le plan du dia-

phragme (fig. 48), trace dont je désigne les coordonnées par rapport aux axes OX et OY par les lettres U et V, et les coordonnées

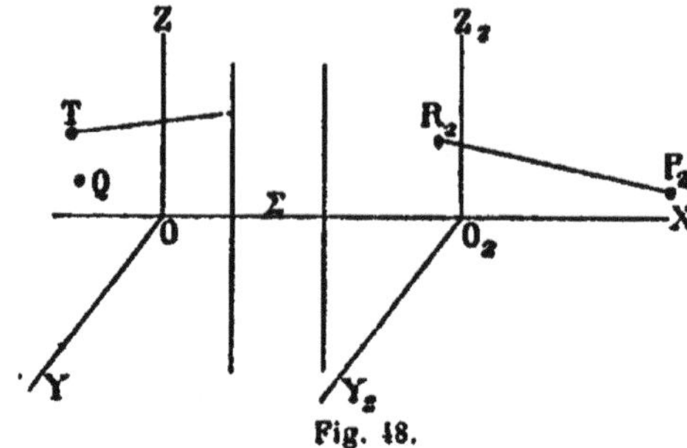

Fig. 48.

réduites par u et v ; 2° le point Q qui a pour coordonnées par rapport aux mêmes axes les quantités η et ζ données par les formules

$$\eta = \gamma (y_2 + M_2 p_2),$$
$$\zeta = \gamma (z_2 + M_2 q_2).$$

Ses coordonnées réduites η et ζ sont égales à η_2 et ζ_2

$$\eta = y_2 + M_2 p_2,$$
$$\zeta = z_2 + M_2 q_2.$$

Q sera appelé le point pupillaire de direction, et TQ l'écart
pupillaire ; on reconnaît facilement que ce dernier est très petit,
et que les coordonnées réduites u et v de T ne diffèrent de celles
de Q que d'éléments du 3° ordre.

Le point T a une signification physique parfaitement nette,
c'est le point où chaque rayon issu du foyer P, perce le plan de
la pupille matérielle ; il n'en est pas de même du point Q qui ne
représente rien ni au point de vue physique ni au point de vue
géométrique. Sa définition est une pure convention ; quand il est
connu, la direction du rayon correspondant est déterminée ; d'où
sa dénomination. Quand le point Q se déplace dans son plan, le
rayon tourne autour du foyer P_1. On peut se demander pourquoi
nous faisons usage de ce point auxiliaire Q et non pas du point T
lui-même : c'est uniquement parce que quand on prend pour
variables indépendantes η et ζ (qui sont d'ailleurs très faciles à
calculer) les formules deviennent beaucoup plus simples que si
l'on emploie les u et v. Remarquons d'ailleurs que dans la pratique

l'écart pupillaire peut être entièrement négligé ; les variables η_1 et ζ ne jouent dans nos formules que le rôle de simples paramètres. La seule question intéressante en ce qui les concerne est de savoir entre quelles limites elles peuvent varier, parce que de ces limites on déduira celles des aberrations $y_2 - y_1$ et $z_2 - z_1$. Or, les frontières du faisceau lumineux sont constituées par les bords du diaphragme. Ce sont celles du point T. On peut les considérer, la distance TQ étant très petite, comme celles du point Q. On peut donc écrire que le point pupillaire de direction tombe à l'intérieur du diaphragme. Si nous désignons par D le rayon de celui-ci, et par δ son rayon réduit $\dfrac{D}{\gamma}$, la condition est que

$$\eta_1^2 + \zeta^2 < \delta^2.$$

L'erreur qui résultera de la substitution du point Q au point T équivaudra à élargir ou à rétrécir le diaphragme d'une largeur de même ordre que l'écart pupillaire ; cette modification de son ouverture est évidemment insensible et sans conséquences pratiques.

Notre formule (6) devient alors :

$$\delta S = -(y_2 - y_1)\,\delta\eta_1 - (z_2 - z_1)\,\delta\zeta + (\eta_2 - \eta_1)\,\delta y_1 + (\zeta_2 - \zeta_1)\,\delta z_1. \qquad (8)$$

Expression des aberrations. — Considérons S comme une fonction des 4 variables, y_1 et z_1, coordonnées du point lumineux, η_1 et ζ coordonnées du point pupillaire de direction qui est très voisin de la trace du rayon sur le plan du diaphragme et qui, dans les applications, peut être considéré comme confondu avec lui.

$$S = F\,(y_1, z_1, \eta_1, \zeta).$$

Les aberrations sont représentées en coordonnées réduites par $y_2 - y_1$ et $z_2 - z_1$ comme nous l'avons dit au paragraphe 23 ; elles sont, comme on le voit par l'expression (8) de δS, les dérivées partielles de la fonction S par rapport à η_1 et ζ, changées de signes :

$$y_2 - y_1 = -\frac{\partial S}{\partial \eta_1} \qquad z_2 - z_1 = -\frac{\partial S}{\partial \zeta}. \qquad (9)$$

Nos formules donnent également les différences $\eta_2 - \eta_1$, $\zeta_2 - \zeta_1$:

$$\eta_2 - \eta_1 = \frac{\partial S_1}{\partial y_1} \qquad \zeta_2 - \zeta_1 = \frac{\partial S_1}{\partial z_1}.$$

(40). Conditions du stigmatisme. — Pour que le faisceau émergent soit stigmatique, il faut que $y_1 = y_2$, $z_1 = z_2$. La condition nécessaire et suffisante est que, pour toutes valeurs de y_1, z_1, η et ζ, on ait

$$\frac{\partial S}{\partial \eta_1} = 0 \qquad \frac{\partial S}{\partial \zeta} = 0. \tag{10}$$

On remarquera que, dans le cas du stigmatisme, les dérivées $\frac{\partial \varphi}{\partial \eta_1}$ et $\frac{\partial \varphi}{\partial \zeta}$ sont nulles ; φ s'écrit au moyen des coordonnées réduites.

$$\tag{11} \varphi = \left[M_1 \frac{y_1^2 + z_1^2}{2} - M_2 \frac{y_2^2 + z_2^2}{2} \right] + y_1(\eta_2 - \eta_1) + z_1(\zeta_2 - \zeta_1) = \varphi_1 + \varphi_2.$$

En appelant φ_1 les termes entre crochets, et φ_2 la partie complémentaire.

Quand $\frac{\partial S}{\partial \eta_1}$ et $\frac{\partial S}{\partial \zeta}$ sont nulles, $y_1 = y_2$, $z_1 = z_2$, et φ_1 se réduit à $\frac{M_1 - M_2}{2}(y_1^2 + z_1^2)$. Par suite, $\frac{\partial \varphi_1}{\partial \eta_1}$ et $\frac{\partial \varphi_1}{\partial \zeta}$ sont nuls. Quant à φ_2, on peut l'écrire :

$$\varphi_2 = y_1 \frac{\partial S}{\partial y_1} + z_1 \frac{\partial S}{\partial z_1}.$$

Développons S en fonction de y_1 et z_1 et groupons ensemble les termes de même degré par rapport à ces deux variables ; soient $P_0 P_1 P_2 \ldots$ les polynômes ainsi obtenus et dont le degré en y_1 z_1 est $0, 1, 2 \ldots$

$$S = P_0 + P_1 + P_2 + P_3 + \ldots$$

Pour écrire que les dérivées partielles de S, par rapport à η et ζ sont nulles pour toute valeur de y_1 et de z_1, il faudra écrire que celles de chacun des polynômes P sont nulles séparément.

$$0 = \frac{\partial P_0}{\partial \eta_1} = \frac{\partial P_1}{\partial \eta_1} = \ldots$$
$$0 = \frac{\partial P_0}{\partial \zeta} = \frac{\partial P_1}{\partial \zeta} \ldots \ldots$$

D'après la théorie des fonctions homogènes $y_1 \frac{\partial S}{\partial y_1} + z_1 \frac{\partial S}{\partial z_1}$ est égal à

$$\varphi_2 = P_1 + 2P_2 + 3P_3 + \ldots$$

Les dérivées partielles de φ_1 par rapport à η et ζ seront la somme des dérivées partielles des fonctions P multipliées par certains coefficients. Celles-ci sont nulles comme nous venons de le voir, et par suite $\frac{\partial \varphi_1}{\partial \eta_1}$ et $\frac{\partial \varphi_1}{\partial \zeta_1}$ sont nulles. On en conclut que les dérivées partielles de φ par rapport à η et ζ sont identiquement nulles en même temps que celles de S.

On aura :

$$S = E - \varphi,$$
$$\frac{\partial S}{\partial \eta_1} = \frac{\partial E}{\partial \eta_1} - \frac{\partial \varphi}{\partial \eta_1},$$
$$\frac{\partial S}{\partial \zeta_1} = \frac{\partial E}{\partial \zeta_1} - \frac{\partial \varphi}{\partial \zeta_1},$$

Puisque les dérivées partielles de φ s'annulent en même temps que celles de S, les conditions pour que [le faisceau soit stigmatique s'écrivent :

$$\frac{\partial E}{\partial \eta_1} = 0,$$
$$\frac{\partial E}{\partial \zeta_1} = 0.$$

Réciproquement, si $\frac{\partial E}{\partial \eta_1}$ et $\frac{\partial E}{\partial \zeta_1}$ sont nulles, il en sera de même de $\frac{\partial S}{\partial \eta}$ et $\frac{\partial S}{\partial \zeta}$. On peut donc supprimer φ dans la recherche de l'expression des conditions du stigmatisme.

(41). Généralisation des formules. — Nous avons, pour simplifier les écritures, supposé que les plans des pupilles coïncidaient avec les plans principaux; admettons maintenant qu'ils ne puissent être considérés comme confondus avec ces plans et que les indices de réfraction des deux milieux extrêmes soient différents et égaux à n_1 et n_2; on prendra les plans des pupilles pour plans des $Y_1 Z_1$ et $Y_2 Z_2$, et on posera :

$$\eta_1 = \frac{Y_1}{l_1}\, \frac{n_1 \lambda_1 l_1}{M_1}, \quad z_1 = \frac{Z_1}{l_1}\, \frac{n_1 \lambda_1 l_1}{M_1}, \quad \tau_{11} = \frac{Y_1}{\lambda_1} + \frac{M_1}{\lambda_1} p_1, \quad \zeta_1 = \frac{Z_1}{\lambda_1} + \frac{M_1}{\lambda_1} q_1 \cdot$$
$$y_2 = \frac{Y_2}{l_2}\, \frac{n_2 \lambda_2 l_2}{M_2}, \quad z_2 = \frac{Z_2}{l_2}\, \frac{n_2 \lambda_2 l_2}{M_2}, \quad \eta_2 = \frac{Y_2}{\lambda_2} + \frac{M_2}{\lambda_2} p_2, \quad \zeta_2 = \frac{Z_2}{\lambda_2} + \frac{M_2}{\lambda_2} q_2;$$

Nous avons vu paragraphe 23 que $\dfrac{n_2 \lambda_2 l_2}{M_2} = \dfrac{n_1 \lambda_1 l_1}{M_1}$.

M_1 est la distance de la pupille d'entrée au plan des objets, M_2 celle de la pupille de sortie au plan des images; l_1 est une longueur arbitrairement choisie dans le plan des objets, l_2 sa conjuguée dans le plan des images; λ_1 une longueur arbitrairement choisie sur la pupille d'entrée, λ_2 sa conjuguée sur la pupille de sortie. Les rapports $\frac{l_2}{l_1}$, $\frac{\lambda_2}{\lambda_1}$ représentent les grossissements entre les objets et les images, ou entre les deux pupilles.

L'expression de φ s'écrit :

$$\varphi = \frac{M_1}{n_1}\,\frac{y_1^2 + z_1^2}{2\lambda_1^2} - \frac{M_2}{n_2}\,\frac{y_2^2 + z_2^2}{2\lambda_2^2} + y_1\,(\tau_2 - \eta_1) + z_1\,(\zeta_2 - \zeta_1).$$

Les aberrations et les différences $\tau_2 - \eta_1$ et $\zeta_2 - \zeta_1$ sont données par les mêmes formules que plus haut.

CHAPITRE VII

ABERRATIONS GÉOMÉTRIQUES

(42). Développement de l'Eikonal. — L'Eikonal S est une fonction de y_1, z_1, η et ζ. Il est développable en série ordonnée suivant les puissances croissantes de ces quantités, qui seront très petites du moment que nous considérerons des rayons peu inclinés sur l'axe. On classe les termes d'après leur ordre de grandeur en y_1, z_1, η et ζ. Mais dans les termes du même ordre il y a encore lieu de faire une distinction; par exemple parmi les termes du 3° ordre il y a lieu de considérer séparément ceux qui sont du 3° ordre en $y_1 z_1$, ceux qui sont du 2° ordre en $y_1 z_1$ et du premier en $\eta \zeta$, et ainsi de suite. Il arrive souvent que quelques-uns de ces groupes soient négligeables et que d'autres ne le soient pas. Nous désignerons l'ordre d'un groupe par le symbole (m, n), m désignant son ordre en $y_1 z_1$ et n son ordre en $\eta \zeta$. Par exemple $y_1 \eta^2 + y_1 \zeta^2$ est d'ordre $(1, 2)$.

L'Eikonal S est indépendant du choix des axes; c'est la somme de deux parties; la première est la longueur optique d'un rayon comptée entre les pieds des perpendiculaires abaissées sur lui de deux points fixes, quantité qui ne dépend pas de la position des plans des coordonnées; la seconde est la fonction φ; il est facile de reconnaître que cette dernière ne change pas non plus quand on fait tourner les axes. Si donc on fait tourner les plans de coordonnées autour de l'axe général du système, la fonction S ne changera pas de valeur.

Ceci posé, nous pouvons prendre pour variables les quantités :

$$r = y_1^2 + z_1^2$$
$$\rho = \eta_1^2 + \zeta^2$$
$$\varkappa = y_1 \eta_1 + z_1 \zeta$$

et une autre quantité quelconque par exemple y_1. Nous aurons alors :

$$S = F (r, \rho, \varkappa, y_1).$$

Quand on fait tourner les axes r, ρ et $\varkappa$ ne changent pas ; ce sont des invariants. y_1 peut prendre au contraire toutes les valeurs possibles dans les limites du champ. Voilà donc une fonction de y_1 qui ne varie pas avec y_1; elle en est indépendante et peut s'écrire :

$$S = F (r, \rho, \varkappa).$$

La fonction F est évidemment paire par rapport aux variables ; car toutes ses dérivées partielles sont impaires puisque les quantités qu'elles représentent changent de signe avec y, z, η, ζ. Le développement comprendra donc des termes des divers ordres en r ρ et $\varkappa$.

Les termes du premier ordre en $r \rho$ et $\varkappa$, du second en $y \eta \zeta$ sont nuls. En effet les différences $y_1 — y_2$, $z_1 — z_2$, $\eta_1 — \eta_1$, $\zeta — \zeta_1$ sont d'ordre supérieur ; si l'on s'en tient aux termes du premier ordre, ce sont les lois de l'optique de Gauss qui sont applicables, toutes ces différences sont égales à zéro.

(43). Eikonal du 4e ordre. — On peut dans beaucoup de cas se contenter dans les calculs des termes du quatrième ordre. Si l'on s'en tient à ceux-ci l'expression de l'Eikonal est de la forme

$$S_4 = A\rho^2 + B\varkappa\rho + C\varkappa^2 + D\rho r + E\varkappa r + F r^2.$$

Les expressions des aberrations sont du 3e ordre.

(44). Combinaison de plusieurs systèmes. — Soit $\Sigma_1 \Sigma_2 \ldots \Sigma_n$ divers systèmes, $Y_1 O_1 Z_1$ le plan conjugué de la pupille d'entrée dans le premier système, $Y_2 O_1 Z_2$ le plan conjugué de $Y_1 O_1 Z_1$ par rapport à ce même système Σ_2, $Y_3 O_2 Z_1$, le conjugué de $Y_2 O_1 Z_3$ par rapport à Σ_3 et ainsi de suite. Soit F le plan des images, F_1 son conjugué par rapport à Σ_1, F_2 le conjugé de F_1 par rapport à Σ_2 etc. Considérons un rayon issu de P qui perce les plans $F_1 F_2$... aux points $P_1 P_2$... soient YZ, $Y_1 Z_1$, $Y_2 Z_2$... les coordonnées absolues de P $P_1 P_2$...; ce même rayon perce les plans $Y_1 O_1 Z_1$, $Y_2 O_2 Z_2$ en des points I_1, I_2...

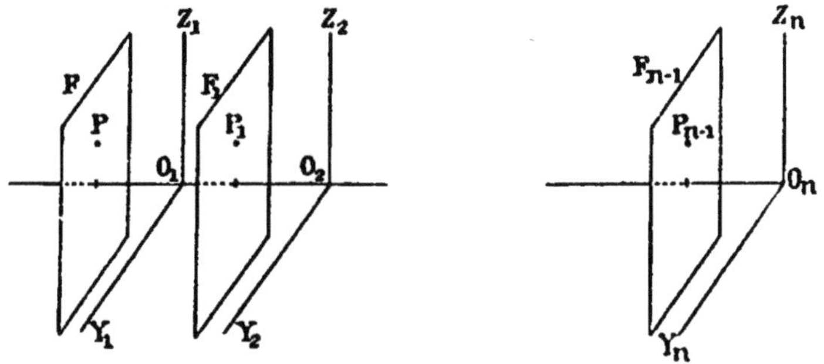

Fig. 49.

Soient $\eta_1 \zeta_1$, $\eta_2 \zeta_2$... leurs coordonnées absolues. Soit encore l une longueur arbitrairement choisie dans le plan F, $l_1 l_2$... ses conjuguées dans les plans F_1, F_2..., λ_1 une longueur arbitrairement choisie dans le plan $Y_1 O_1 Z_1$, $\lambda_2 \lambda_3$... ses conjuguées dans les plans $Y_2 O_2 Z_2$, $Y_3 O_3 Z_3$... Nous appelons coordonnées réduites les quantités

$$y_p = \frac{Y_p}{l_p} \frac{n_p \lambda_p l_p}{M_p} \qquad z_p = \frac{Z_p}{l_p} \frac{n_p \lambda_p l_p}{M_p} \qquad \tau_p = \frac{\tau_{\iota p}}{\lambda_p} \qquad \zeta_p = \frac{\zeta_p}{\lambda_p}$$

Nous avons vu paragraphe (23) que $\dfrac{n_p \lambda_p l_p}{M_p}$ est une constante. Nos coordonnnées réduites $y_1 z_1$, et $\tau_2 \zeta_2$ par rapport au système Σ_1 sont aussi d'après la façon dont on a choisi les λ les coordonnées réduites des mêmes points par rapport au système Σ_2, de même les coordonnées réduites $y_2 z_2$ et $\tau_3 \zeta_3$ par rapport à Σ_1 sont aussi les coordonnées réduites par rapport à Σ_1 et ainsi de suite. En appliquant les formules du chapitre précédent on pourra donc écrire en négligeant les termes du 5ᵉ ordre

$$\delta y = y_1 - y = - \frac{\partial}{\partial \tau_{\iota 1}} \left[A_1 (\tau_{\iota 1}^2 + \zeta_1^2)^2 + \ldots + F_1 (y^2 + z^2)^2 \right]$$

$$\delta y_1 = y_2 - y_1 = - \frac{\partial}{\partial \tau_{\iota 2}} \left[A_2 (\tau_{\iota 2}^2 + \zeta_2^2)^2 + \ldots + F_2 (y_1^2 + z_1^2)^2 \right]$$

$$\cdots \cdots \cdots \cdots \cdots \cdots \cdots \cdots \cdots \cdots \cdots$$

$$\delta y_{n-1} = y_n - y_{n-1} = - \frac{\partial}{\partial \tau_{\iota n}} \left[A_n (\tau_{\iota n}^2 + \zeta_n^2)^2 + \ldots + F_n (y_{n-1}^2 + z_{n-1}^2) \right]$$

Or on remarquera que les variables $\eta_1\zeta_1$, $\eta_2\zeta_2$... $\eta_n\zeta_n$ ne diffèrent entre elles que d'éléments du 3e ordre. On peut les remplacer toutes par les coordonnées réduites $\eta_1\zeta$ de la pupille matérielle; de même nos yz ne diffèrent que d'éléments du 3e ordre. Si donc on remplace dans le second membre y_1z_1, y_2z_2... par yz on ne commettra que des erreurs du 5e ordre. Si nous négligeons celles-ci, nous pouvons écrire

$$\delta y = \eta_1 - y = -\frac{\partial}{\partial \eta_1}\left[A_1\,(\eta_1{}^2+\zeta^2)^2+\ldots+F_1\,(y^2+z^2)^2\right]$$

$$\delta y_1 = y_2 - y_1 = -\frac{\partial}{\partial \eta_1}\left[A_2\,(\eta_1{}^2+\zeta^2)^2+\ldots+F_2\,(y^2+z^2)^2\right]$$

$$\cdots\cdots\cdots\cdots\cdots\cdots\cdots\cdots\cdots$$

$$\delta y_{n-1} = y_n - y_{n-1} = -\frac{\partial}{\partial \eta_1}\left[A_n\,(\eta_1{}^2+\zeta^2)^2+\ldots+F_n\,(y^2+z^2)^2\right]$$

Ou en ajoutant toutes ces équations membre à membre, et désignant par Δy l'aberration totale dans le sens des y

$$\Delta y = -\frac{\partial}{\partial \eta_1}\left[(A_1+A_2+\ldots+A_n)\,(\eta_1{}^2+\zeta^2)^2+\ldots+(F_1+F_2+\ldots+F_n)\,(y^2+z^2)^2\right]$$

Nous trouverons de même

$$\Delta z = -\frac{\partial}{\partial \zeta}\left[(A_1+A_2+\ldots+A_n)\,(\eta_1{}^2+\zeta^2)^2+\ldots+(F_1+F_2+\ldots+F_n)\,(y^2+z^2)^2\right]$$

Les coefficients de la fonction S relative à un système complexe, est la somme algébrique des coefficients des fonctions S relatives à chacun des éléments.

(45). Aberration du 3e ordre. — Nous avons vu au paragraphe (43) que l'Eikonal du 4e ordre avait une expression de la forme

$$S_4 = A\rho^2 + B\wp\rho + C\kappa^2 + D\rho r + E\kappa r + F r^2.$$

Différencions cette équation par rapport à η et ζ en nous bornant aux termes du second degré et supposons que le point du champ des images soit situé dans le plan des y_1z_1, ce qui revient à faire $z_1 = 0$. Qu'allons-nous obtenir ? Les expressions de $y_1 - y_2$ et $z_1 - z_2$. Les termes du premier ordre seront évidemment nuls; car d'après la théorie de Gauss, si l'on ne considère que les termes du premier ordre $y_1 = y_2$ et $z_1 = z_2$. Donc $M = P = 0$; notre développement ne contiendra que des termes du 3e ordre.

L'aberration totale peut se décomposer en plusieurs parties ; nous allons grouper les termes suivant leur degré et considérer ce que représente chaque groupe, z étant supposé nul.

Posons

$$\eta_i = \sigma \cos \varphi$$
$$\zeta = \sigma \sin \varphi$$

Quand σ reste constant, le point η,ζ décrit un cercle dans le plan de la pupille de sortie, le point correspondant dans le plan des images décrit une certaine ligne que l'on appelle la courbe d'aberration.

L'aberration sphérique. — Les termes d'ordre (0,3) donnent :

$$\Delta y_i = -4 A \sigma^3 \cos \varphi$$
$$\Delta z_i = -4 A \sigma^3 \sin \varphi$$

Les courbes d'aberration, en supposant que l'aberration sphérique existe seule, sont des cercles concentriques.

L'aigrette. — Si nous prenons les termes d'ordre (1,2) nous trouvons :

$$\Delta y_i = - B y_i \sigma^2 (1 + 2 \cos^2 \varphi) = - B y_i \sigma^2 (2 + \cos 2 \varphi)$$
$$\Delta z_i = - B y_i \sigma^2 \sin 2 \varphi$$

Les courbes d'aberration sont encore des cercles ; ils sont tangents à deux droites formant entre elles un angle de 60°. On constate que cette aberration est nulle pour $y_i = 0$, c'est-à-dire pour un point de l'axe.

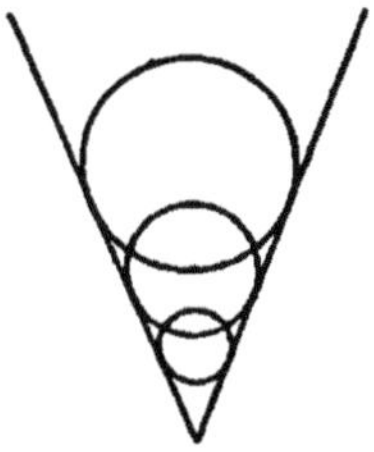

L'astigmatisme et la courbure du champ. — L'astigmatisme et la courbure du champ sont représentés par le groupe de termes d'ordre (2,1)

$$\Delta y_i = - (2C + D) y_i^2 \sigma \cos \varphi$$
$$\Delta z_i = - 2 D y_i^2 \sigma \sin \varphi.$$

Fig. 50.

Les courbes d'aberration sont des ellipses.

La distorsion. — Prenons les termes d'ordre (3,0).

$$\Delta y_i = - E y_i^3$$
$$\Delta z_i = 0$$

Elle ne trouble pas les images, mais les déplace dans la direction radiale.

(46). Aberration du 5ᵉ ordre. — Les termes du 6ᵉ ordre dans le développement de S peuvent s'écrire

$$T_1\rho^3 + T_2\rho^2\varkappa + T_3\rho^2 r + T_4\rho\varkappa^2 + T_5\varkappa^3 + T_6 r\rho\varkappa + T_7 r^2\rho + T_8 r\varkappa^2 + T_9 r^2\varkappa + T_{10}r^3$$

En posant encore

$$r = y_1^2 + \zeta^2$$
$$\rho = \tau_1^2 + \zeta^2$$
$$\varkappa = y_1\tau_1 + z_1\zeta$$

τ_1 et ζ pourront être pris égales aux coordonnées réduites du point où chaque rayon perce le plan de la pupille matérielle ;

On obtiendra les aberrations du 5ᵉ ordre en différenciant les termes du développement ci-dessus.

Aberration sphérique du 5ᵉ ordre. — Termes d'ordre (0.5).

$$\Delta y_1 = -6T_1\,\sigma^5\cos\varphi$$
$$\Delta z_1 = -6T_1\,\sigma^5\sin\varphi$$

Aigrette du 5ᵉ ordre. — Termes d'ordre (1,4).

$$\Delta y_1 = -T_2 y_1\sigma^4 (1 + \cos^2\varphi)$$
$$\Delta z_1 = -T_2 y_1\sigma^4\,\sin\varphi\cos\varphi$$

Aberration sphérique latérale. — Termes d'ordre (2,3) formant deux groupes ; le premier donne

$$\Delta y_1 = -4T_3 y_1^2\sigma^3\cos\varphi$$
$$\Delta z_1 = -4T_3 y_1^2\sigma^3\sin\varphi$$

Les courbes d'aberration correspondants à ces trois groupes sont des cercles.

Le papillon. — Le second groupe des termes d'ordre (2,3) donne

$$\Delta y_1 = -2T_4 y_1^2\sigma^3\cos\varphi (1 + \cos^2\varphi)$$
$$\Delta z_1 = -2T_4 y_1^2\sigma^3\cos^2\varphi\sin\varphi$$

Fig. 51.

Les courbes d'aberration ont la forme représentée ci-contre.

La flèche. — Termes d'ordre (3,2).

$$\Delta y_1 = -3T_5 y_1^3\sigma^2\cos^2\varphi$$
$$\Delta z_1 = 0.$$

Cette aberration s'ajoute à la distorsion, mais elle produit en outre un trouble de l'image.

L'aigrette secondaire. — Termes d'ordre (3,2).

$$\Delta y_1 = - T_5 \, y_1^3 \sigma^2 \, (2 + \cos 2\varphi)$$
$$\Delta z_1 = - T_6 \, y_1^3 \sigma^2 \sin 2\varphi$$

Même forme de courbes d'aberrations que pour l'aigrette primaire.

Astigmatisme et courbure du champ secondaire. — Termes d'ordre (1,4).

$$\Delta y_1 = - 2\,(T_7 + T_8) \, y_1^4 \sigma \cos \varphi$$
$$\Delta z_1 = - 2\,T_7 \, y_1^4 \sigma \sin \varphi$$

La distorsion du 5ᵉ ordre. — Termes d'ordre (0,5).

$$\Delta y_1 = - T_9 \, y_1^5$$
$$\Delta z_1 = 0$$

—————

CHAPITRE VIII

ABERRATIONS CHROMATIQUES

(47). Aberration chromatique longitudinale et latérale. — Dans les appareils optiques on cherche à réunir en un même foyer les rayons des diverses couleurs émanées d'un même point. Si cette condition n'est pas rigoureusement réalisée, il existe une aberration chromatique que nous allons analyser. Nous nous bornerons au cas où le point dont on cherche l'image est indéfiniment éloigné.

La position des points cardinaux d'un système optique, c'est-à-

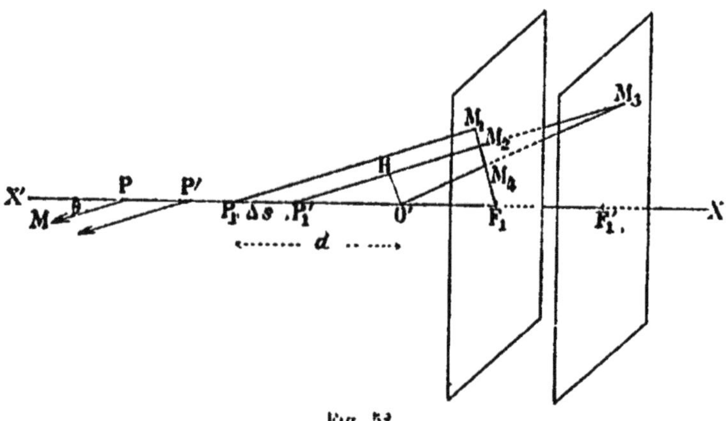

Fig. 52.

dire des nœuds et des foyers dépend de l'indice de réfraction de la lumière qui le traverse. Soient P et P_1 les nœuds et F_1 le foyer correspondant à l'indice n, P' P'_1 et F'_1 les points analogues correspondant à l'indice n'.

Si nous voulons avoir l'image d'un point éloigné M pour les rayons dont l'indice est n, nous considérerons le rayon issu de M et passant par P. Nous mènerons par P_1 une parallèle et chercherons la trace de celle-ci sur le plan focal passant par F_1; nous obtiendrons ainsi un point M_1.

Effectuons la même construction avec les points relatifs à l'indice n'; nous obtenons un point M_3 dans le plan focal de F'_1. Soit M_2 la trace du rayon P'_1M_3 sur le plan focal de F_1; l'aberration totale $M_1 M_3$ est la résultante de l'aberration latérale $M_1 M_2$ et de l'aberration longitudinale $M_2 M_3$.

(48). Calcul des aberrations chromatiques. — Il est clair que les aberrations latérale et longitudinale sont indépendantes l'une de l'autre. L'une résulte de l'écart entre P_1 et P'_1, l'autre de l'écart entre F_1 et F'_1. Le vecteur $M_1 M_2$ ne change pas quand la position de F'_1 varie, non plus que $M_2 M_3$ quand P'_1 se déplace.

1° *Aberration latérale.* — Cette aberration est radiale, c'est-à-dire dirigée suivant le rayon $F_1 M_1$. En effet $M_1 M_2$ est la trace sur le plan focal du plan des deux parallèles $P_1 M_1$ et $P'_1 M_3$. Ce plan contenant l'axe, sa trace passe par le point F_1.

Si l'on désigne par Δs la distance $P_1 P'_1$, par $\Delta \rho$ la distance $M_1 M_2$, par θ l'angle que forme la direction PM avec l'axe, on aura évidemment

$$\Delta \rho = \Delta s \, \tang \theta.$$

Quand l'indice de réfraction varie, Δs est sensiblement proportionnel à l'accroissement Δn de cet indice.

Si l'aberration latérale existe seule, l'image du point est un trait versicolore.

2° *Aberration longitudinale.* — Soit p' (fig. 53) la pupille de sortie correspondant à l'indice n', O' son centre. Soient toujours F_1 et F'_1 les foyers, M_1 et M_3 les images relatives aux indices n et n'. Le faisceau lumineux aboutissant au point M_3 coupe le plan focal F_1 suivant un petit cercle dont le rayon ε peut être pris égal à

$$r \frac{\Delta L}{L}$$

r étant le rayon de la pupille, L et ΔL les longueurs O'F$_1$ et F$_1$ F$_1$. Le centre du cercle, le point M$_1$, est la trace sur le plan F$_1$ de l'axe O'M$_3$ du faisceau. Ce point n'est pas fixe. Si nous nous

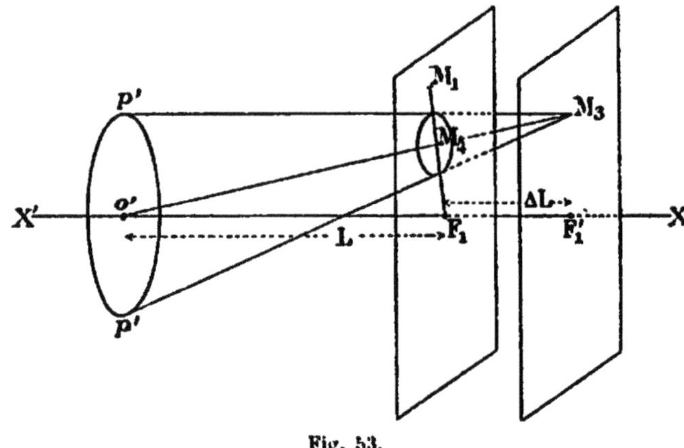

Fig. 53.

reportons à la figure 52, et si nous désignons par H' le point où la ligne P'$_1$M$_3$ perce le plan de front, passant par O' on trouve

$$M_2 M_4 = O'H' \frac{F_1 F'_1}{O'F_1} = d \tan g\, \theta\, \frac{\Delta L}{L}$$

$$M_4 M_1 = \Delta r \sin \theta + d \tan g\, \theta\, \frac{\Delta L}{L}\, .$$

Pour chaque couleur simple, l'image d'un point n'est pas un autre point, mais une tache circulaire dont le diamètre est d'autant plus fort que l'indice de réfraction s'écarte plus de l'indice auquel correspond le point F$_1$.

3° *Aberration résultant des aberrations longitudinale et latérale.* — Quand les deux aberrations existent simultanément, la tache donnée par le faisceau lumineux se compose d'une

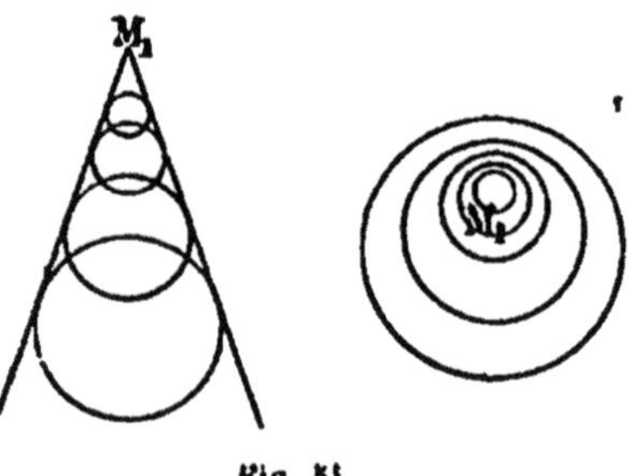

Fig. 54.

série de cercles diversement colorés et homothétiques par rapport au point M$_1$; ils se superposent comme le montre la figure 54;

suivant les cas, le centre d'homothétie est extérieur ou intérieur aux cercles.

Lorsque l'amplitude des aberrations calculées par les formules ci-dessus dépasse $\frac{1}{10}$ de millimètre pour une image située à distance de visibilité distincte, elle ne saurait être tolérée ; il faut achromatiser le système. Il est même préférable de ne pas dépasser $\frac{1}{20}$ de millimètre.

(49). Diffraction. — Prenons un appareil optique, un objectif photographique par exemple. Si nous y appliquons un diaphragme et que nous rétrécissions progressivement l'ouverture de celui-ci, la clarté de l'image diminuera, mais sa netteté commencera par augmenter. Si cependant nous réduisons l'ouverture au delà d'une certaine limite, l'image ne gagnera plus rien ; tout au contraire elle se troublera et finira par devenir tout à fait confuse. C'est le phénomène de la diffraction Il s'explique facilement par la théorie des ondes. : considérons une onde ω émergeant d'un appareil optique ; supposons-la hémisphérique et convergente ; chacun de ses éléments $d\omega$ peut être considéré comme un foyer lumineux

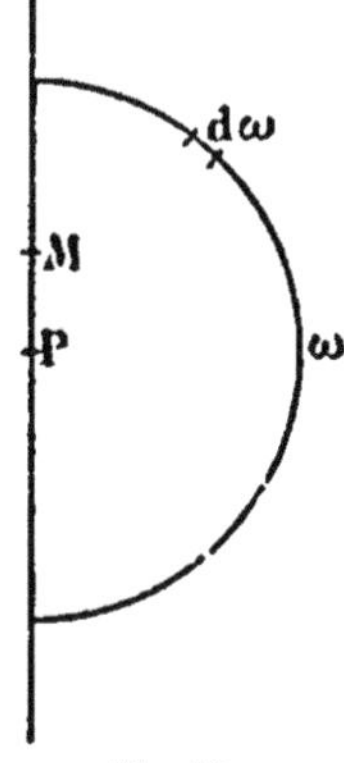

Fig. 55.

émettant des ondes secondaires dans toutes les directions. Cependant la lumière vient se concentrer en P, et tout point M situé à distance de P, quoique éclairé par tout l'hémisphère lumineux reste dans l'obscurité : quelle est l'explication de ce paradoxe?

La raison en est la suivante : toutes les vibrations qui parviennent en P ont parcouru des chemins égaux et possèdent la même phase ; leurs mouvements sont concordants et elles s'ajoutent. Au contraire celles qui arrivent en M proviennent de points inégalement éloignés, et leurs phases sont discordantes. Le mouvement vibratoire qui s'y produit est la résultante de mouvements complexes qui se contrarient les uns les autres ; on démontre que pour une onde hémisphérique, cette résultante est nulle. Le point M reste donc dans l'obscurité.

Mais pour que ce résultat soit atteint, il est nécessaire que l'onde ait la forme d'un hémisphère parfait ; il n'en est plus de même lorsqu'elle est limitée à une calotte sphérique, principalement si elle est de faible étendue, comme lorsqu'elle traverse une pupille étroite ; dans ce cas les points voisins du centre ne seront plus plongés dans l'obscurité : ils recevront et émettront une certaine quantité de lumière.

Calcul de la diffraction. — Supposons d'abord qu'il s'agisse d'une lumière simple dont la longueur d'onde soit λ. Considérons un point M voisin du centre O, situé dans un plan perpendiculaire

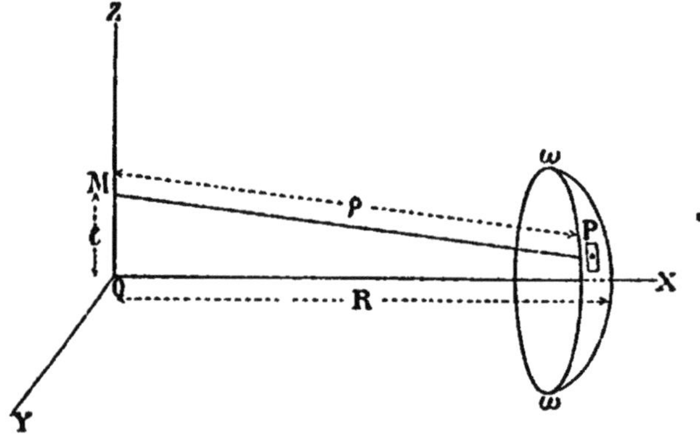

Fig. 56

à l'axe de l'onde et passant par O. Prenons pour axe des x l'axe de l'onde, pour axe des z la perpendiculaire passant par M et pour axe des y la normale au plan ZOX. Soit R le rayon de la sphère à laquelle appartient l'onde, r celui du cercle qui en forme la limite, l la distance du point M au point O. Partageons la calotte ω en éléments ; pour cela coupons-la par deux séries de plans équidistants et parallèles respectivement au plan des zx et au plan des xy. Soit dy et dz les équidistances. Nous formons ainsi des quadrilatères infiniment petits ; si la calotte est de faible ouverture, nos éléments pourront être assimilés à des rectangles parallèles au plan des yz et leur superficie $d\omega$ pourra être prise égale à $dy\,dz$.

Soit P le centre de l'un quelconque de nos quadrilatères $d\omega$, et ρ la distance MP. La quantité de lumière reçue par un élément de superficie *ds* décrit autour du point M dans le plan des *yz* sera proportionnelle à *dω* et *ds*.

Quelle sera la phase de la vibration qui arrivera de P en M à une époque quelconque? Prenons pour origine des temps l'instant où la vibration de l'onde S est nulle ; on reconnaît facilement qu'à l'époque *t* la vitesse de la vibration qui parvient de P en M est donnée par la formule

$$v = \sin 2\varpi \left[\frac{t}{T} - \frac{\rho}{j} \right]$$

l'impulsion élémentaire qu'en recevra l'élément *ds* pourra se représenter par

$$K\, ds\, dx\, dy \sin 2\varpi \left[\frac{t}{T} - \frac{\rho}{\lambda} \right] .$$

La résultante de toutes ces impulsions élémentaires sera leur somme ; laissons de côté le facteur constant K*ds*, puisque nous ne voulons connaître que la proportion de la lumière qui arrivera en chaque point ; nous aurons à trouver l'intégrale

$$\int \int dy\, dz \sin 2\varpi \left[\frac{t}{T} - \frac{\rho}{\lambda} \right]$$

cette somme devant être étendue à toute la surface d'onde ; on intégrera d'abord par rapport à *y* de $-\sqrt{r^2 - z^2}$ à $+\sqrt{r^2 - z^2}$, et ensuite par rapport à *z* de $-r$ à $+r$,

Soient *xyz* les coordonnées de P : celles de M sont 0, 0 et *l*; ρ est donné par la formule

$$\rho = \sqrt{x^2 + y^2 + (z - l)^2} = \sqrt{R^2 - 2lz + l^2}.$$

Or en négligeant les termes du second degré on a

$$\rho = R \left(1 - \frac{2lz}{R^2} \right)^{\frac{1}{2}} = R - \frac{lz}{R} .$$

Notre intégrale s'écrit alors

$$\int \int dx\, dy \sin \left[2\varpi \left(\frac{t}{T} - \frac{R}{\lambda} \right) + 2\varpi \frac{lz}{R\lambda} \right] .$$

Intégrons par rapport à *y* entre les limites indiquées ci-dessus et développons le sinus de la différence en fonction des sinus et cosinus des deux termes. L'expression devient

$$2\sin 2\varpi\left(\frac{t}{T}-\frac{R}{\lambda}\right)\int_{-r}^{+r}\sqrt{r^2-z^2}\,\cos 2\varpi\,\frac{lz}{R\lambda}$$

$$+\,2\cos 2\varpi\left(\frac{t}{T}-\frac{R}{\lambda}\right)\int_{-r}^{+r}\sqrt{r^2-z^2}\,\sin 2\varpi\,\frac{lz}{R\lambda}\,.$$

La seconde partie de l'intégrale est manifestement nulle, puisque le coefficient différentiel est impair en z. Pour calculer la première posons $\frac{z}{r}=w$, $\mu=2\varpi\,\frac{rl}{R\lambda}$. L'intégrale devient

$$4r^2\sin 2\varpi\left(\frac{t}{T}-\frac{R}{\lambda}\right)\int_{-1}^{+1}\sqrt{1-w^2}\,\cos \mu w\,dw.$$

L'intégrale est une fonction de μ qui peut se développer en série. Cette série s'écrit

$$\varphi(\mu)=\frac{\varpi}{4}\left[1-\frac{1}{2}\,\frac{\mu^2}{2^2}+\frac{1}{3}\,\frac{\mu^4}{(2.4)^2}-\frac{1}{4}\,\frac{\mu^6}{(2.4.6.)^2}+\dots\right].$$

Représentation graphique de la diffraction. — La série $\varphi(\mu)$ est

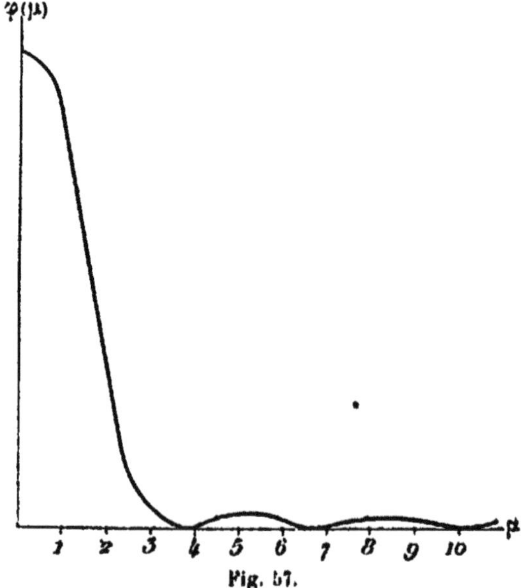

Fig. 57.

très convergente ; l'intensité de la lumière en chaque point est proportionnelle au carré de $\varphi(\mu)$. Cette intensité est représentée par le diagramme ci-contre ; les abscisses donnent les valeurs de μ, les ordonnées les intensités.

L'intensité de la lumière est maxima au point central et décroît à partir de ce point. Elle s'éteint à une certaine distance, mais elle reparaît un peu plus loin pour s'éteindre et reparaître de nouveau. Nous avons donc au centre une tache lumineuse entourée d'anneaux colorés.

Les effets de la diffraction sont d'autant plus sensibles, que la quantité μ ou $2\varpi \dfrac{rl}{R\lambda}$ est plus petite ; il ne faut pas trop diminuer l'ouverture de la pupille.

CHAPITRE IX

DES LENTILLES

**(50). Forme des lentilles. — Les lentilles sont des corps diaphanes et réfringents terminés à deux surfaces de révolution ayant même axe, généralement à deux surfaces sphériques.

Nous examinerons d'abord la réfraction de la lumière sur une seule surface.

**(51). Réfraction sur une seule surface sphérique. — Considérons une calotte sphérique S (fig. 58) séparant deux milieux

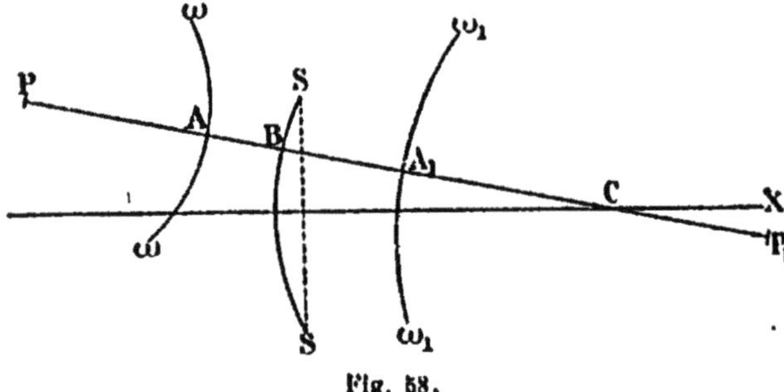

Fig. 58.

inégalement réfringents ; soit C le centre de la sphère à laquelle appartient cette surface ; considérons également une onde sphérique ω issue d'un point P ; elle se transforme en passant dans le second milieu en une autre onde ω₁. Comme les deux surfaces S et ω sont de révolution autour de l'axe CP, il en sera évidemment de même de l'onde ω_1. Dans le voisinage du sommet A_1, la courbure des sections méridiennes de cette dernière varie peu et l'on peut la confondre avec la sphère surosculante au point A_1. Si donc la portion d'onde émergente a une faible étendue, et si elle est limitée à l'entour du sommet A_1, l'onde pourra être considérée comme sphérique et le faisceau émergent comme stigmatique ; nous n'aurons, d'après ce qui a été dit au paragraphe (33), d'autre aberration que l'aberration sphérique ; celle ci ne sera négligeable qu'à deux conditions : 1° la pupille qui limitera le faisceau lumineux qui traverse S aura une faible ouverture ; 2° l'onde incidente viendra toucher S en un point B compris dans l'ouverture de la pupille, c'est-à-dire que CP_1 sera très faiblement incliné sur l'axe CX.

Dans ce cas, nous obtiendrons un système homographique ; il aura sur l'axe deux points doubles : 1° le point O qui, appartenant aux deux milieux, est son homologue à lui-même ; 2° le point C Tout rayon issu de C coupe normalement la surface S et n'est pas dévié Un faisceau émané de C, et traversant la surface S, donne dans le milieu M un second faisceau qui n'est que le prolongement du premier, et dont tous les rayons vont passer par le point C. Le point C est donc comme le point O son homologue à lui-même, et tout rayon qui en émane jouit de la même propriété.

Prenons le point C pour origine de nos deux systèmes d'axes Notre équation entre les coordonnées des deux points conjugués de l'axe s'écrit :

$$\frac{u}{X} - \frac{u_1}{X_1} = 1. \tag{1}$$

Puisque chaque rayon qui traverse l'origine est son conjugué à lui-même, sa pente est égale à celle de son conjugué ; le grossissement angulaire $\gamma = \dfrac{X - u}{f_1} = \dfrac{f}{X_1 - u_1}$ est égal à l'unité. Donc pour $X = X_1 = 0$ on doit avoir $\gamma = 1$.

$$1 = \frac{-u}{f_1} = \frac{f}{-u_1} \qquad u = -f_1 \qquad u_1 = -f. \tag{2}$$

L'équation (1) s'écrit donc :

$$-\frac{f_1}{X} + \frac{f}{X_1} = 1. \tag{3}$$

Le point O d'abscisse $-r$ est aussi son conjugué à lui-même. Donc pour $X = -r$ on doit avoir $X_1 = -r$; la première des équations (3) donne

$$-\frac{f_1}{-r} + \frac{f}{-r} = 1 \qquad r = f_1 - f. \tag{4}$$

Nous savons d'ailleurs d'après le théorème du paragraphe (22) que si n et n_1 sont les indices de réfraction des deux milieux

$$\frac{f}{f_1} = \frac{n}{n_1}$$

on en déduit :

$$f = \frac{n}{n_1 - n} R \qquad f_1 = \frac{n_1}{n_1 - n} R. \tag{5}$$

Si nous transportons l'origine au point O et si X' et X'_1 sont les nouvelles abscisses $X' = X + r$ $\qquad X'_1 = X_1 + r$. La relation entre X' et X'_1 s'écrit

$$-\frac{f_1}{X' - r} + \frac{f}{X'_1 - r} = 1$$

ou en tenant compte de l'équation (4)

$$\frac{f}{X'} - \frac{f_1}{X'_1} = 1.$$

C'est l'équation d'un système rapporté à ses deux plans principaux. Ainsi le point O représente les deux nœuds confondus.

(52). **Focale et puissance d'une lentille.** — Dans ce qui suit, les

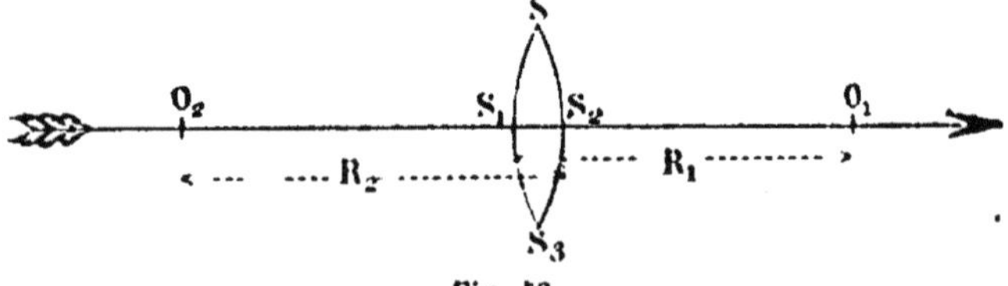

Fig. 59.

rayons de courbure sont considérés comme positifs lorsque la concavité est tournée dans le sens de la marche de la lumière. Ainsi dans la figure 59, la courbure de la face SS_1S_2 est positive et celle de SS_2S_3 est négative.

Une lentille est un complexe formé de deux surfaces sphériques ; c'est un système symétrique puisque les deux milieux extrêmes sont identiques. On trouvera facilement sa focale à l'aide des formules établies aux paragraphes précédents.

Les focales f_1 et f'_1 de la surface SS_1S_2 sont $\dfrac{n}{n-1}\,R_1$ et $-\dfrac{1}{n-1}\,R_1$, les focales f_2 et f'_2 de SS_2S_3 sont $\dfrac{1}{n-1}\,R_2$ et $-\dfrac{n}{n-1}\,R_2$. La distance des foyers, Δ, est $f'_1 + f_2 - \varepsilon$, ε étant l'épaisseur S_1S_2. La focale f de l'ensemble est égale à

$$\frac{1}{n-1}\ \frac{R_1R_2}{R_1 - R_2 + \dfrac{n-1}{n}\,\varepsilon}\ .$$

Si l'on ne considère que des lentilles minces, c'est-à-dire pour lesquelles l'épaisseur ε est négligeable devant les rayons de courbure, la formule se réduit à :

$$f = \frac{1}{n-1}\ \frac{R_1 R_2}{R_1 - R_2}\ .$$

La puissance de la lentille est donnée par la formule :

$$\varphi = \frac{1}{f} = (n-1)\left[\frac{1}{R_1} - \frac{1}{R_2} - \frac{n-1}{n}\ \frac{\varepsilon}{R_1 R_2}\right]\ .$$

La puissance est affectée d'un signe. Quand elle est positive, la lentille est dite convergente ; elle est dite divergente dans le cas contraire. Si la puissance est nulle, la lentille est télescopique.

Le centre optique de la lentille est le centre de similitude des deux calottes sphériques qui la terminent. On reconnaît facilement que les nœuds sont les conjugués du centre optique par rapport aux deux surfaces terminales. Dans les lentilles minces, si ξ_1 et ξ_2 sont les proximités de deux points conjugués, ρ_1 et ρ_2 les courbures affectées d'un signe, la relation de Gauss s'écrit

$$\xi_1 - \xi_2 = (n-1)(\rho_1 - \rho_2).$$

(53). Lentilles convergentes. — La lentille biconvexe est terminée par deux surfaces convexes. Elle est toujours convergente. Le foyer correspondant aux rayons marchant de gauche à droite est à droite de la lentille, et l'autre à gauche.

Les figures, telles que A (fig. 60. I), situées à l'extérieur des

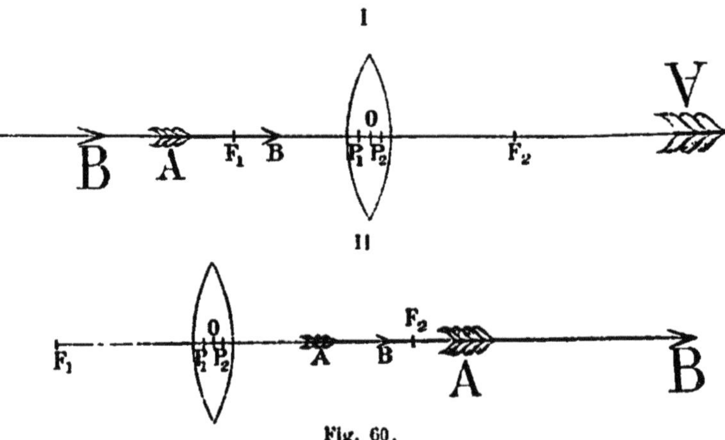

Fig. 60.

plans focaux, donnent une image A réelle et renversée (mais non inversée) c'est-à-dire que si un point de l'objet est situé à gauche de l'observateur, l'image en est à droite, et que si le point est au-dessous de l'axe, l'image en est au-dessus. Une figure B, située entre un plan focal et la lentille, donne une image virtuelle B, située du même côté de la lentille. Elle n'est ni inversée ni renversée.

Si des faisceaux convergents qui vont former une image AB (fig. 60, II) traversent la lentille, une image réelle se forme en AB, plus près de la lentille que AB.

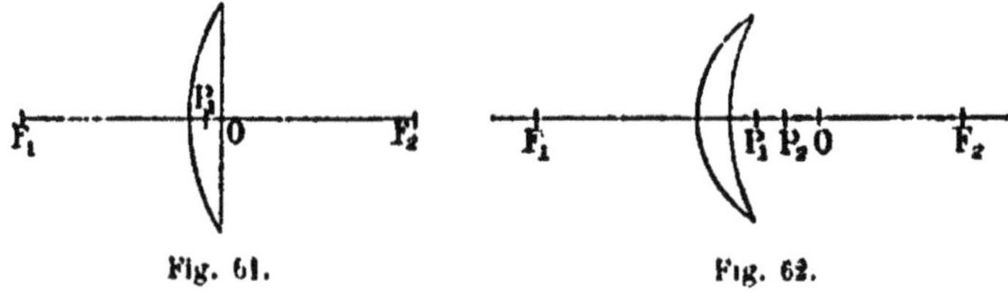

Fig. 61.   Fig. 62.

Le plan convexe (fig. 61), terminé par un plan et une calotte sphérique convexe, jouit des mêmes propriétés que la biconvexe. L'un des nœuds se confond avec le centre optique.

Dans le ménisque convergent (fig. 62) les deux courbures sont de même sens mais celle de la face externe est plus forte que l'autre, si bien que φ reste positif.

(54). Lentilles divergentes. — La lentille biconcave est terminée à deux surfaces sphériques concaves. Le foyer correspondant aux rayons qui marchent de gauche à droite est à gauche de la lentille, l'autre à droite. Les objets tels que A B (fig. 631) situés

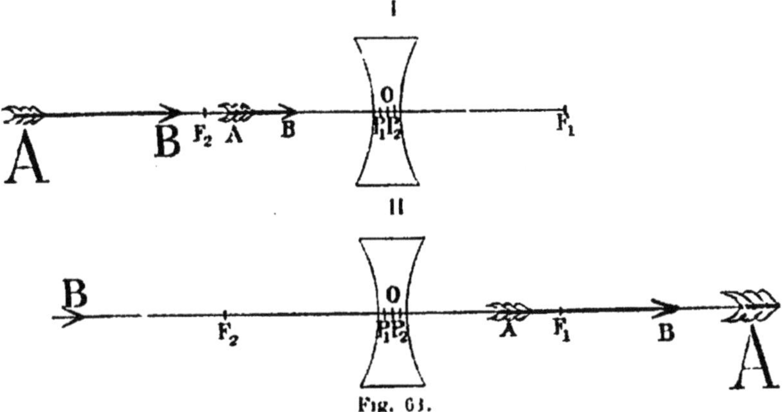

Fig. 63.

à gauche de la lentille forment une image virtuelle du même côté, mais plus près de celle-ci. Quant aux faisceaux convergents s'ils tendent vers des points plus rapprochés que le foyer F_1 ils viennent former une image réelle du même côté de la lentille, mais plus éloignée; ainsi A donne comme image A (fig. 63 II). S'ils tendent vers

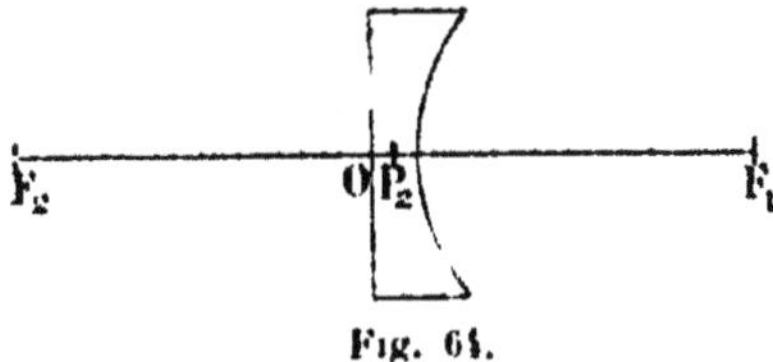

Fig. 64.

un point plus reculé que le plan focal, ils forment une image virtuelle renversée à gauche de la lentille B donne comme image B.

La seconde espèce de lentille divergente est le plan concave limité à un plan et à une surface sphérique (fig. 64).

Le ménisque divergent (fig. 65) est limité à deux surfaces

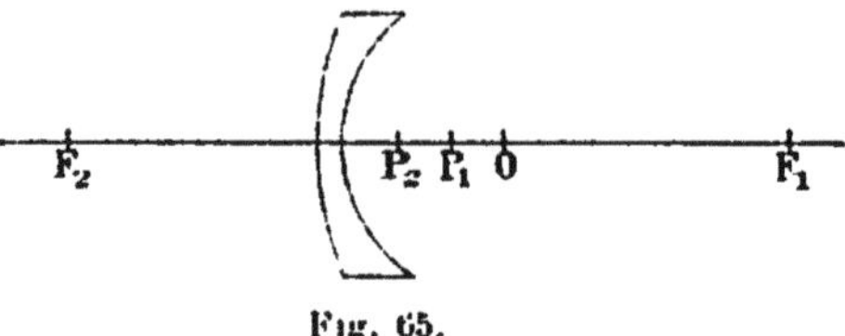

Fig. 65.

sphériques mais la courbure de la surface intérieure est plus forte, et la puissance est négative.

(55). Combinaisons de lentilles.

— Dans les appareils usuels on considère en général les lentilles comme infiniment minces et on néglige leur épaisseur.

Les éléments cardinaux d'un système de lentilles se calculent par les formules que nous avons données au chapitre IV, paragraphe 27.

(56). Calcul des aberrations géométriques dans un système de lentilles.

— Nous nous bornerons aux termes du 3e ordre. Considérons une surface sphérique, séparant deux milieux pour lesquels

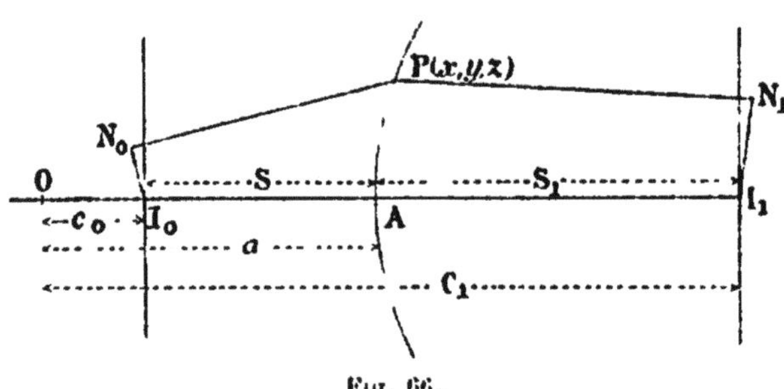

Fig. 66.

les indices de réfraction soient n_0 et n_1, et un rayon $N_0 P N_1$ se réfractant sur cette surface en un point dont les coordonnées sont x, y et z. Soient I_0 et I_1 les points où l'axe perce le plan des objets et le plan des images, N_0 et N_1 les pieds des perpendiculaires abaissées de I_0 et I_1 sur le rayon. Soient a, c_0 et c_1 les abscisses des points A, I_0 et I_1 ; l'équation de la surface sphérique s'écrit

$$X - a = r - \sqrt{r^2 - Y^2 - Z^2}.$$

r étant son rayon ; on a en développant et en nous bornant aux termes du 4e ordre.

$$X = a + \frac{Y^2 + Z^2}{2r} + \frac{(Y^2 + Z^2)^2}{8r^3} \cdot \qquad (1)$$

Posons

$$s = a - c_0 \qquad s_1 = a - c_1 \qquad t = a - c_0 - M_0 \qquad t_1 = a - c_1 - M_1.$$

D'après les formules de l'optique de Gauss, nous avons

$$n_0 \left(\frac{1}{s} + \frac{1}{r} \right) = n_1 \left(\frac{1}{s_1} + \frac{1}{r} \right)$$
$$n_0 \left(\frac{1}{t} + \frac{1}{r} \right) = n_1 \left(\frac{1}{t_1} + \frac{1}{r} \right) \cdot \qquad (2)$$

La fonction que nous avons appelée E sera donnée par la formule

$$E = n_0 N_0 P + n_1 P N_1. \qquad (3)$$

Si $m_0 p_0 q_0$ et $m_1 p_1 q_1$ sont les cosinus directeurs des rayons lumineux $N_0 P$ et PN_1

$$E = n_0 \left[(X - c_0) m_0 + Y p_0 + Z q_0 \right] - n_1 \left[(X - c_1) m_1 + Y p_1 + Z q_1 \right]. \qquad (4)$$

D'ailleurs

$$m = \sqrt{1 - p^2 - q^2}$$

qu'on développe comme ci-dessus (1) en se bornant aux termes du 4e ordre

$$m = 1 - \frac{p^2 + q^2}{2} + \frac{(p^2 + q^2)^2}{8} \cdot$$

On en déduit

$$E = n_0 s - n_1 s_1 \qquad (5)$$
$$+ n_0 \left[Y p_0 + Z q_0 + \frac{Y^2 + Z^2}{2r} - \frac{s}{2} (p_0^2 + q_0^2) + \frac{(Y^2 + Z^2)^2}{8r^3} \right.$$
$$\left. - \frac{(Y^2 + Z^2)(p_0^2 + q_0^2)}{4r} - s \, \frac{(p_0^2 + q_0^2)^2}{8} \right]$$
$$- n_1 \left[Y p_1 + Z q_1 + \frac{Y^2 + Z^2}{2r} - \frac{s_1}{2} (p_1^2 + q_1^2) + \frac{(Y^2 + Z^2)^2}{8r^3} \right.$$
$$\left. - \frac{(Y^2 + Z^2)(p_1^2 + q_1^2)}{4r} - s_1 \, \frac{(p_1^2 + q_1^2)^2}{8} \right]$$

Pour éliminer YZ nous avons, en négligeant les termes de 3° ordre

$$Y \frac{n_1 - n_0}{r} = n_0 p_0 - n_1 p_1$$
$$Z \frac{n_1 - n_0}{r} = n_0 q_0 - n_1 q_1 \cdot \qquad (6)$$

Il est légitime de négliger les termes du 3° ordre car la fonction E a les propriétés d'un minimum ; à un accroissement de 3° ordre des variables, correspond un accroissement du 6° de la fonction.

Nous avons vu que dans la recherche des conditions du stigmatisme, on pouvait négliger la fonction φ. Nous n'en tiendrons donc pas compte ici.

$$S_1 = \begin{cases} n_0 \left[\dfrac{(Y^2 + Z^2)^2}{8r^3} - \dfrac{(Y^2 + Z^2)(p_0^2 + q_0^2)}{4r} - s \dfrac{(p_0^2 + q_0^2)^2}{8} \right] \\ n_1 \left[\dfrac{(Y^2 + Z^2)^2}{8r^3} - \dfrac{(Y^2 + Z^2)(p_1^2 + q_1^2)}{4r} - s_1 \dfrac{(p_1^2 + q_1^2)^2}{8} \right] \cdot \end{cases} \qquad (7)$$

En vertu des équations (2) on peut mettre S_1 sous la forme

$$S_1 = \begin{cases} \dfrac{1}{8n_1 s_1} \left[n_1 \dfrac{Y^2 + Z^2}{r} + n_1 s_1 (p_1^2 + q_1^2) \right]^2 \\ - \dfrac{1}{8n_0 s} \left[n_0 \dfrac{Y^2 + Z^2}{r} + n_0 s (p_0^2 + q_0^2) \right]^2 \cdot \end{cases} \qquad (8)$$

Les (pq) s'expriment en fonction de $y_0 z_0$, $\eta \zeta$:

$$p_0 = \eta \frac{\lambda_0}{M_0} - \frac{y_0}{n_0 \lambda_0} \qquad q_0 = \zeta \frac{\lambda_0}{M_0} - \frac{z_0}{n_0 \lambda_0}$$
$$p_1 = \eta \frac{\lambda_1}{M_1} - \frac{y_0}{n_1 \lambda_1} \qquad q_1 = \zeta \frac{\lambda_1}{M_1} - \frac{z_0}{n_1 \lambda_1} \cdot \qquad (9)$$

Si l'on pose pour abréger

$$H = \frac{t}{\lambda n} = \frac{t_1}{\lambda_1 n_1}$$
$$= \frac{\lambda s}{M} = \frac{\lambda_1 s_1}{M_1}$$
$$K = n \left[\frac{1}{s} + \frac{1}{r} \right] = n_1 \left[\frac{1}{s_1} + \frac{1}{r_1} \right]$$
$$L = n \left[\frac{1}{t} + \frac{1}{r} \right] = n_1 \left[\frac{1}{t_1} + \frac{1}{r} \right] \cdot$$

Nous obtiendrons une expression de S_1 qui nous permettra de calculer les coefficients B C D E F qui figurent dans l'expression des aberrations.

$$A = \frac{1}{8} h^4 K^2 \left[\frac{1}{n_1 s_1} - \frac{1}{ns} \right]$$

$$B = - \frac{1}{2} H h^3 KL \left[\frac{1}{n_1 s_1} - \frac{1}{ns} \right]$$

$$C = \frac{1}{2} H^2 h^2 L^2 \left[\frac{1}{n_1 s_1} - \frac{1}{ns} \right]$$

$$D = \frac{1}{4} H^2 h^2 \left[KL \left[\frac{1}{n_1 s_1} - \frac{1}{ns} \right] - K (K - L) \left[\frac{1}{n_1 l_1} - \frac{1}{nl} \right] \right]$$

$$E = - \frac{1}{2} H^3 h \left[L^2 \left[\frac{1}{n_1 s_1} - \frac{1}{ns} \right] - L (K - L) \left[\frac{1}{n_1 l_1} - \frac{1}{nl} \right] \right].$$

(57). Compensation des aberrations géométriques. — Nous avons vu que, pour que le faisceau émergent soit stigmatique, il faut que les dérivées $\frac{\partial S}{\partial \tau_1}$ et $\frac{\partial S}{\partial \zeta}$ soient constamment nulles ; pratiquement, il n'est pas nécessaire qu'elles soient rigoureusement égales à zéro, il suffit qu'elles soient d'un ordre de grandeur négligeable pour toute valeur de $y_1 z_1$ et de $\tau \zeta$ comprise dans les limites entre lesquelles ces coordonnées peuvent se mouvoir.

Quel criterium nous permettra de reconnaître si une aberration est négligeable ou non? Ici quelques explications sont nécessaires.

L'œil, même placé à la distance de visibilité distincte, ne peut percevoir les objets au delà d'un certain degré de petitesse ; lorsque l'angle formé par les rayons visuels qui aboutissent à deux points voisins descend au-dessous d'un certain *angle limite* ε, les deux points paraissent confondus à l'observateur. Cette quantité ε varie d'un individu à l'autre ; les valeurs qu'en ont données les divers auteurs sont très différentes. Nous la prendrons égale à $\frac{1}{10\,000}$, l'angle étant exprimé en radiants. C'est une moyenne acceptable.

Si maintenant nous considérons un point P_1, les rayons de Gauss, qui en émanent, vont se concentrer quelque part en P_2 dans le plan des images. Un rayon aberrant formera au contraire sa trace sur le même plan en un point Q_2. Pour que l'écart $P_2 Q_2$

produise un effet négligeable, il faut et il suffit que l'angle des deux rayons visuels aboutissant à ces deux points soit inférieur à ε. Cet angle que nous appellerons *l'aberration angulaire*, et que nous désignerons par θ, dépend évidemment de la distance à laquelle est placé l'œil. Cherchons son expression.

Désignons par μ le coefficient $\dfrac{n_1\lambda_1 l_1}{M_1} = \dfrac{n_2\lambda_2 l_2}{M_2}$ ($\S$ 41). Les coordonnées réduites de P_2 et Q_2 sont respectivement y_1 et z_1, y_2 et z_2; la distance réduite P_2Q_2 est exprimée par

$$\sqrt{(y_2 - y_1)^2 + (z_2 - z_1)^2}$$

Sa valeur absolue sera :

$$\frac{l_2}{\mu}\sqrt{(y_2 - y_1)^2 + (z_2 - z_1)^2}$$

Si je désigne par δ la distance de l'image à l'œil de l'observateur, θ sera donné en radiants par la formule :

$$\theta = \frac{l_2}{\mu\delta}\sqrt{(y_2 - y_1)^2 + (z_2 - z_1)^2}.$$

C'est cet angle θ qui doit être inférieur à *l'angle limite* ε. Il suffit d'en chercher le maximum, et d'écrire que ce maximum est plus petit que ε. — On reconnaît d'ailleurs facilement que les limites entre lesquelles varie le radical sont les mêmes que celles de $y_1 - y_2$ et $z_1 - z_2$, c'est-à-dire de $\dfrac{\partial S}{\partial \eta_1}$ ou $\dfrac{\partial S}{\partial \zeta_1}$. On peut donc remplacer l'équation ci-dessus par

$$\frac{l_1}{\mu\delta}\frac{\partial S}{\partial \eta_1} < \varepsilon$$

inégalité qui doit être satisfaite pour toutes les valeurs des variables.

Pour faire la compensation, on prend pour inconnues la courbure des surfaces réfringentes et leurs distances; on exprime au moyen de ces inconnues les coefficients ABC...; on annule ceux qui correspondent aux aberrations que l'on veut détruire et on a ainsi des relations entre des diverses inconnues.

Si nous désignons par ρ_s et ρ_m les courbures du champ sagittale et méridienne, on démontre que l'on a :

$$\rho_s = -4D \qquad \rho_m = -4(C+D).$$

Si ρ_s et ρ_m sont nulles toutes deux, les surfaces correspondantes se réduisent à des plans et coïncident. C'est ce qui arrive lorsque $C=D=0$. Nous signalons un théorème intéressant dû à Petzval : si un appareil est composé de plusieurs lentilles ayant pour puissance φ_1, φ_2..., φ_p. et pour indices n_1, n_2..., n_p, on a :

$$\frac{\varphi_1}{n_1} + \frac{\varphi_2}{n_2} + \dots \frac{\varphi_p}{n_p} = -2C + 4D$$

La relation :

$$\frac{\varphi_1}{n_1} + \frac{\varphi_2}{n_2} + \dots \frac{\varphi_p}{n_p} = 0$$

peut donc remplacer l'une des deux autres $C=0$ et $D=0$.

L'astigmatisme et la courbure du champ offrent cette particularité qu'on ne peut les corriger qu'en formant l'objectif de lentilles séparées dont la distance soit de même ordre que leurs focales.

(58). Compensation des aberrations chromatiques. — Pour achromatiser un ensemble de lentilles, il faut faire en sorte que l'image se forme au même lieu pour les rayons des diverses couleurs; généralement on se borne à réunir ceux qui correspondent à deux raies déterminées du spectre, par exemple C et F, s'il s'agit d'appareils optiques et non d'appareils photographiques. La dispersion des autres est alors négligeable; les couleurs sur lesquelles on établit l'achromatisme sont dites fondamentales.

Les deux conditions à remplir sont que les foyers et les focales soient les mêmes pour les couleurs fondamentales. Ces conditions sont calculées en négligeant les aberrations géométriques et en appliquant la formule de l'optique de Gauss.

Première équation de l'achromatisme. — La première équation de l'achromatisme est relative à la première des conditions énoncées ci-dessus. On détermine les positions du foyer postérieur de l'objectif en employant successivement les deux indices de réfraction fondamentaux, et on écrit que ces deux positions coïncident. Les calculs s'exécutent au moyen des formules du chapitre IV.

Deuxième équation de l'achromatisme. — On écrit que les focales calculées avec les deux indices fondamentaux sont égales.

Soit φ la puissance d'une lentille, n l'indice de réfraction correspondant à la raie C, R et R' les rayons des deux surfaces sphériques qui la terminent; ces derniers sont affectés du signe + ou du signe — suivant que leur direction, prise de la périphérie au centre de la sphère, a le même sens que la marche de la lumière ou un sens opposé.

$$\varphi = (n-1)\left[\frac{1}{R} - \frac{1}{R'}\right].$$

Soit δn l'accroissement de l'indice quand on passe de la raie C à la raie F, $\delta\varphi$ l'accroissement correspondant de la focale.

$$\delta\varphi = \delta n\left[\frac{1}{R} - \frac{1}{R'}\right] = \frac{\delta n}{n-1}\varphi$$

$\dfrac{\delta n}{n-1}$ est ce qu'on appelle le pouvoir dispersif. Nous le représenterons par $\dfrac{1}{\nu}$.

$$\delta\varphi = \frac{\varphi}{\nu} \qquad \varphi + \delta\varphi = \frac{\nu+1}{\nu}\varphi.$$

Considérons maintenant un système de lentilles dont les puissances calculées avec les indices n_1, n_2..., n_p, relatifs à la raie C, soient respectivement φ_1, φ_2..., φ_p. La focale résultante Ψ s'exprime par un développement entier par rapport à ces dernières quantités :

$$\Psi = F\,(\varphi_1, \varphi_2 \ldots \varphi_p).$$

Si maintenant $\varphi_1 + \delta\varphi_1$, $\varphi_2 + \delta\varphi_2$... $\varphi_p + \delta\varphi_p$ sont les puissances des mêmes lentilles calculées avec les indices relatifs à la raie F et $\Psi + \delta\Psi$ la nouvelle résultante

$$\Psi + \delta\Psi = F\,(\varphi_1 + \delta\varphi_1, \delta\varphi_2 + \delta\varphi_2), \ldots \varphi_p + \delta\varphi_p)$$

ou en remplaçant les $\delta\varphi$ par leurs valeurs, et résolvant par rapport à $\delta\Psi$

$$\delta\Psi = F\left(\frac{\nu_1+1}{\nu_1}\varphi_1, \frac{\nu_2+1}{\nu_2}\varphi_2 \ldots \frac{\nu_p+1}{\nu}\varphi_p\right) - F\,(\varphi_1, \varphi_2 \ldots \varphi_p)$$

En écrivant que $\delta\Psi$ est nul, on aura la deuxième équation de l'achromatisme

$$F\left(\frac{\nu_1+1}{\nu_1}\varphi_1,\ \frac{\nu_2+1}{\nu_2}\varphi_2,\ \ldots\ \frac{\nu_p+1}{\nu_p}\varphi_p\right) - F(\varphi_1,\varphi_2\ldots\varphi_p) = 0.$$

Lorsque l'objectif ne comprend qu'un groupe de lentilles accolées, les deux équations se réduisent à une seule; c'est en général la seconde que l'on conserve.

CHAPITRE X

DE LA LUNETTE ASTRONOMIQUE

(59). Principe de la lunette. — (60). Grossissement. — (61). Clarté.

(59). Principe des lunettes. — Une lunette se compose essentiellement d'un système de lentilles convergent O à longue focale (fig. 63) que l'on tourne vers l'objet que l'on veut viser et qui se

Fig. 63.

nomme pour cette raison l'objectif, et d'un oculaire ω formé par une ou plusieurs lentilles, et d'une puissance supérieure à celle de l'objectif; celui-ci se place en arrière sur le même axe à une distance réglable.

Si l'on dirige la lunette vers une mire AB (fig. 64), il se formera une image réelle très réduite, mais très brillante en ab; si l'on

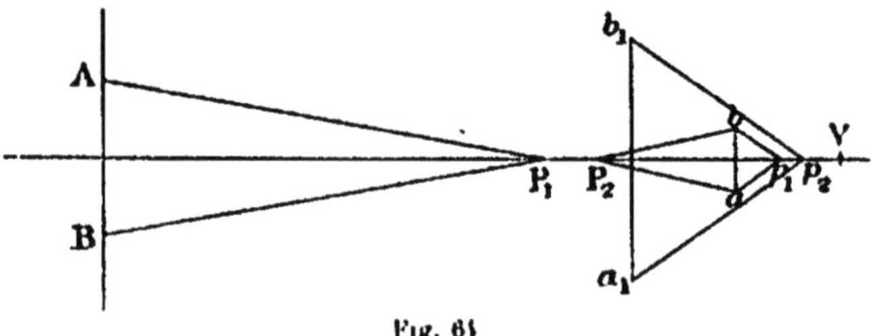

Fig. 64

connaît les deux points principaux P_1 et P_2 de l'objectif on construira cette image comme il a été expliqué au chapitre III § 24.

Comme la mire est généralement éloignée, l'image se produit dans le voisinage du plan focal. Supposons pour commencer qu'il n'y ait pas d'oculaire. Si l'observateur place l'œil en V, tout près de l'image ab, il la verra sous un angle $a\,V\,b$, bien supérieur à celui sous lequel serait vu l'objet lui-même AB sans le secours de l'objectif; il y aura donc amplification. Mais comme la distance de ab à l'œil est très petite et très inférieure à la distance de vue distincte, l'image apparaîtra si confusément que l'observation ne sera pas possible. Plaçons donc entre l'œil et l'image un oculaire à court foyer; l'image virtuelle de ab se formera quelque part en a_1b_1; on la construira facilement si l'on se donne les points principaux de l'oculaire p_1 et p_2; réglons le tirage, c'est-à-dire éloignons ou rapprochons l'oculaire jusqu'à ce que a_1b_1 se place à distance de vue distincte; l'observation deviendra possible et l'angle sous lequel apparaîtra l'image sera l'angle $a_1\,V\,b_1$. Le rôle de l'oculaire est donc de reculer l'image jusqu'à ce qu'elle soit nettement visible, en l'amplifiant à proportion qu'il l'éloigne.

On remarquera que l'image apparaît renversée à l'observateur.

(60). Du grossissement.

— Considérons une figure de front AB et son image ab donnée par une lunette. L'image ab présentera pour l'œil de l'observateur placé en O le même aspect qu'une figure semblable A_1B_1 située dans le plan de AB. Le rapport de similitude $\dfrac{A_1B_1}{AB}$ est ce que l'on appelle le grossissement. Mais cet élément, ainsi défini, ne dépend pas seulement des éléments constitutifs de la lunette; il dépend de la distance à laquelle l'observateur, en disposant l'oculaire pour sa vue, renvoie l'image ab; il dépend aussi de la position de l'œil, laquelle n'est pas absolument fixe. Le grossissement ne peut être défini que par des conventions. On suppose : 1° que la figure AB est indéfiniment éloignée; 2° que ab est renvoyée dans le plan de AB. S'il en est ainsi, l'image donnée par l'objectif se forme à son foyer et aussi au

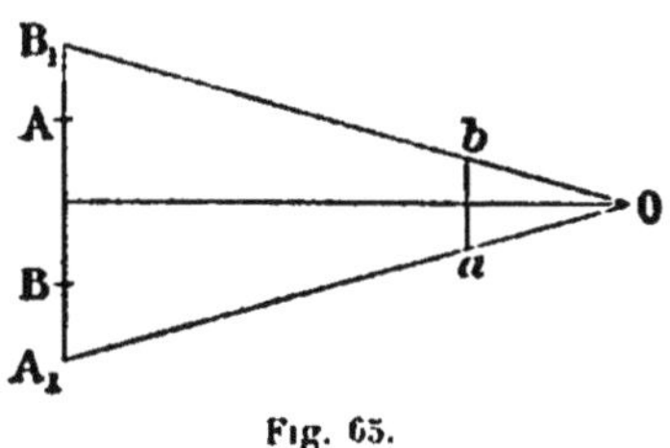

Fig. 65.

foyer de l'oculaire. Ces deux foyers coïncident et notre système est *télescopique*.

Le grossissement est alors représenté par le rapport $\dfrac{F}{f}$, comme nous l'avons montré au § 28.

(61). Clarté. — Rappelons d'abord la définition de la *surface apparente* d'un objet : soit un corps Ω, circonscrivons-lui, un cône ayant un point quelconque O comme sommet; puis du point O comme centre, décrivons une sphère de rayon unité. Le cône découpe sur la sphère une petite surface ε que nous appellerons la *surface apparente* de Ω par rapport au point O

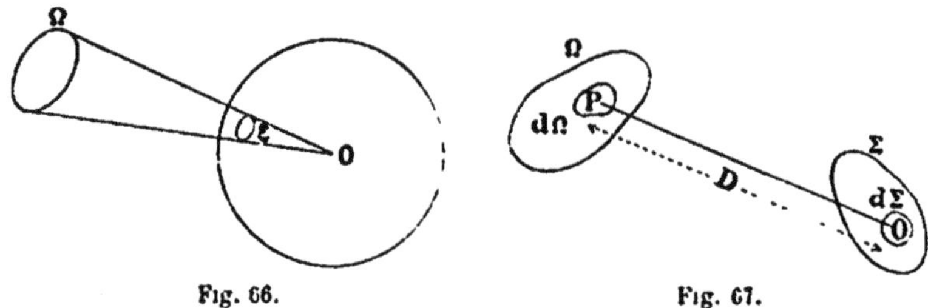

Fig. 66.Fig. 67.

Pour définir la clarté d'un objet Ω, uniformément éclairé, on compare la quantité de lumière λ qu'il envoie dans l'unité de temps à l'œil de l'observateur, à sa surface apparente ε ; le rapport $\dfrac{\lambda}{\varepsilon}$ est la clarté.

Soient $d\Omega$ (fig. 67) un élément de surface qui émet de la lumière, $d\Sigma$ un élément qui la reçoit, soient P et O leurs centres, φ et ψ les angles que PO forment avec les normales à ces éléments, et D leur distance; la quantité de lumière que $d\Omega$ envoie à $d\Sigma$ est une expression de la forme :

$$\frac{K\,d\Omega \cos\varphi\,d\Sigma \cos\psi}{D^2}. \tag{1}$$

Si les surfaces Ω et Σ sont peu étendues, si les droites telles que PO s'écartent peu de la normale, on peut prendre $\cos\varphi$ et $\cos\psi$ égaux à l'unité, et considérer D comme une constante; alors on obtiendra la quantité de lumière λ envoyée par Ω à Σ en faisant la somme de tous les éléments (1)

$$\lambda_1 = \frac{K\Omega}{D^2}.$$ (2)

Le coefficient K représente la quantité de lumière envoyée dans l'unité de temps par l'unité de surface sur l'unité de surface à l'unité de distance.

Ceci posé soit p le rayon de la pupille ; sa surface est ϖp^2 ; la quantité de lumière qu'elle reçoit est

$$\lambda_1 = \frac{K\Omega\,\varpi p^2}{D^2}.$$

Si s_1 est la surface apparente de Ω, à l'œil nu, l'éclat E_1 sera donné par la formule

$$E_1 = \frac{K\Omega\varpi p^2}{D^2 s_1}$$ (3)

Supposons maintenant que nous regardions l'élément $d\Omega$ à travers la lunette, soient R le rayon de l'objectif, P_1 et P_2 ses points

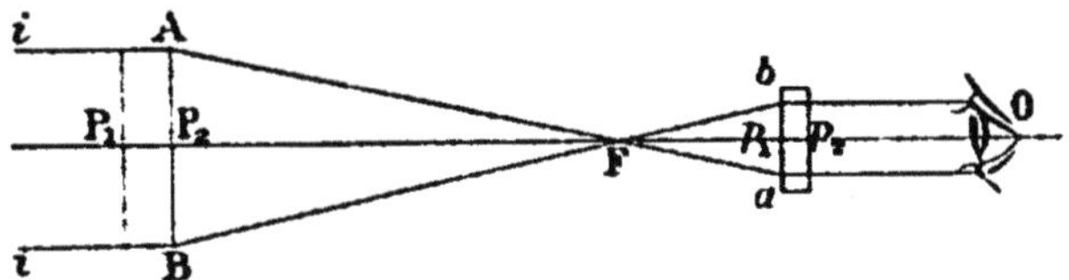

Fig. 68

principaux, p_1 et p_2 ceux de l'oculaire. Le faisceau incident est cylindrique ; après avoir traversé l'objectif il vient se concentrer en son foyer F, et après s'être réfracté de nouveau dans l'oculaire il redevient sensiblement cylindrique. Plaçons maintenant l'œil en O. Quelle quantité de lumière va-t-il percevoir ? Ici il y a lieu de distinguer deux cas :

1er Cas. *La pupille est plus étroite que la section droite du faisceau émergent.* — La quantité de lumière que chaque élément $d\Omega$ envoie à l'objectif sera

$$d\lambda_2 = \frac{Kd\Omega\varpi R^2}{D_2}.$$

Quelle partie de la lumière reçue par l'objectif pénétrera dans l'œil de l'observateur ? Si nous désignons encore par p le rayon de la pupille, par r celui de la section droite du cylindre émergent, les surfaces de l'une et de l'autre seront

$$\varpi p^2 \text{ et } \varpi r^2.$$

Et il est clair que la quantité de lumière reçue par l'œil sera à la quantité totale qui aura traversé l'appareil dans le rapport de ces deux surfaces $\dfrac{\varpi p^2}{\varpi r^2} = \dfrac{p^2}{r^2}$. Elle s'exprimera donc

$$d\lambda_2 = \frac{k\lambda d\Omega \varpi R^2 p^2}{\rho^2}. \tag{4}$$

Et en intégrant sur toute la surface Ω

$$\lambda_2 = \frac{k\lambda \Omega \varpi R^2 p^2}{\rho^2}.$$

Soit ε_2 la surface apparente de l'image de Ω, son éclat E_2 sera donné par la formule

$$E_2 = \frac{k\Omega \varpi R^2 p^2}{\rho^2 \varepsilon_2}. \tag{5}$$

La similitude des deux triangles FAB et Fab (fig. 68) donne la relation

$$\frac{R}{r} = \frac{F}{f} \tag{6}$$

F et f étant les focales de l'objectif et de l'oculaire.

D'ailleurs le grossissement linéaire de la lunette est $G = \dfrac{F}{f}$. Le grossissement superficiel sera $G^2 = \dfrac{F^2}{f^2}$. On aura donc

$$\frac{\varepsilon_2}{\varepsilon_1} = \frac{F^2}{f^2}. \tag{7}$$

En remplaçant dans la formule (5) R et ε_2 par leurs valeurs tirées de 6 et 7 il vient

$$E_2 = \frac{k\Omega \varpi p^2}{D^2 \varepsilon_1} = E_1.$$

La clarté de l'objet vu dans la lunette sera la même qu'à l'œil nu.

L'expérience confirme cette théorie ; remarquons cependant

qu'il se perd une certaine quantité de lumière dans la masse
vitreuse de l'objectif et de l'oculaire qui ne sont jamais parfaitement transparents ; mais cette perte est insignifiante ; il s'en produit une plus considérable par la réflexion ; chaque fois que le
faisceau lumineux rencontre une nouvelle surface une partie
appréciable de la lumière est renvoyée en arrière et n'arrive pas
à l'œil de l'observateur.

2ᵉ Cas. La pupille reçoit la totalité des rayons lumineux — Si le
faisceau lumineux pénètre tout entier dans la pupille et si E_3 est la
clarté de l'image on trouvera facilement la relation

$$\frac{E_4}{E_1} = \frac{\varpi r^2}{\varpi p^2} \cdot$$

La clarté est réduite dans le rapport de la section du faisceau
émergent à l'ouverture de la pupille. Pour un même objectif elle
sera en raison inverse du carré de grossissement

Le mieux, sauf dans des cas exceptionnels, est que le faisceau
émergent ait sensiblement l'ouverture moyenne de la pupille

CHAPITRE XI

OPTIQUE DES LUNETTES

(62). Diverses formes d'objectifs — *Objectifs astronomiques.* — Lorsque la lunette est uniquement destinée à viser sur des objets éloignés, et que les observations se font au centre du réticule, on forme l'objectif de deux lentilles accolées, une biconvexe de crown, et un ménisque divergent de flint. Nous donnerons plus loin les formules par lesquelles on corrige les aberrations. Ces objectifs sont employés en astronomie et portent pour cette raison le nom d'objectifs astronomiques. Mais ils sont également en usage dans les levés topographiques.

Fig. 19.

Objectif pour viser à courte distance. — Les appareils ainsi constitués ne permettent pas d'exécuter des visées à très courte distance; en effet quand le point de mire se rapproche du foyer antérieur; l'image donnée dans la lunette s'éloigne de plus en plus du foyer postérieur; on est donc obligé de reculer d'autant le réticule. Mais ce mouvement n'est possible que dans la limite de quelques centimètres; dans les appareils ordinaires les visées ne peuvent être exécutées qu'à quelques mètres de distance. Or, on est quelquefois obligé, particulièrement dans les levés souterrains, de pointer sur un but très rapproché; cette condition exige une combinaison spéciale de lentilles.

Plaçons derrière l'objectif Ω tout près de son plan focal postérieur, un plan convexe ω à court foyer dont la focale soit de 30 à 40 millimètres; c'est ce qu'on appelle le correcteur. Si l'on vise sur un objet éloigné AB, l'image qui s'en forme à travers Ω, *ab*, se trouvera tout près de ω; soit a_1b_1 l'image de *ab* à travers ω. a_1b_1 et *ab* diffèrent extrêmement peu. Car on sait que si un point est dans le voisinage d'une lentille, son conjugué par rapport à

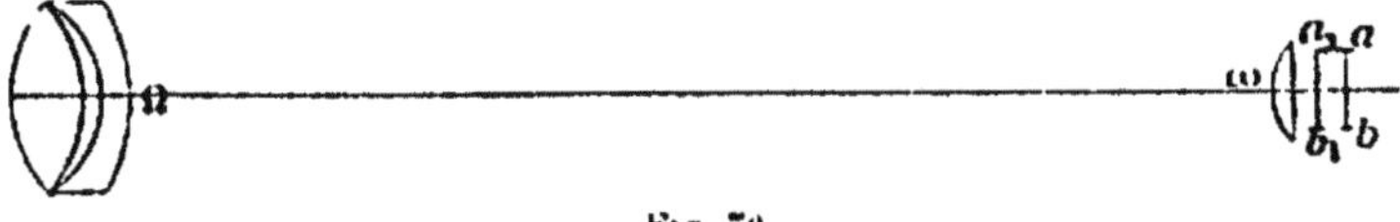

Fig. 70

celle-ci est très peu écarté du point lui-même. Notre correcteur ω ne jouera donc aucun rôle quand le point de mire sera éloigné Supposons maintenant que l'objet AB se rapproche du foyer antérieur de Ω et que par suite *ab* s'éloigne indéfiniment. a_1b_1 restera compris entre ω et son foyer postérieur. Si même AB vient en contact de l'objectif, l'observation sera toujours possible

Téléobjectif. — Lorsque l'on veut obtenir de forts grossissements, c'est-à-dire de fortes valeurs du rapport $\dfrac{\text{F}}{f}$, il faut rendre F aussi grand et f aussi petit que possible C'est ainsi que dans les lunettes astronomiques on emploie des objectifs ayant plusieurs

Fig. 71

mètres de focale; mais de semblables appareils sont peu portatifs. On a donc cherché à construire des objectifs donnant à faible distance des images de grande dimension. Tel est le but que doit remplir le téléobjectif.

Soit Ω un objectif donnant une image des objets éloignés en *ab*; plaçons en avant de *ab* une divergente ω; elle éloigne l'image *ab* en a_1b_1, en l'agrandissant. Si f_1 est la focale de $ω_1$, F_1 celle du complexe formé par Ω et ω on aura

$$\text{F}_1 = \frac{\text{F}f_1}{f_1 - d}.$$

On voit que la focale du système sera positive, c'est-à-dire que celui-ci sera convergent si $f_1 > d$, et dans ce cas F_1 pourra être aussi grand qu'on voudra pour une valeur donnée de F. Quant au foyer postérieur du complexe il sera en I, à une distance x de ω que l'on calculera pour la formule

$$\frac{1}{x} - \frac{1}{d} = \frac{1}{f_1}\,.$$

Le téléobjectif permet de réaliser, avec de faibles longueurs de lunettes, de forts grossissements, mais la difficulté est d'obtenir des images claires ; pour cela il faut employer des objectifs à large ouverture et alors il est difficile d'éliminer les aberrations.

On emploie encore beaucoup d'autres formes d'objectifs qu'il est inutile de décrire ici.

(63, De l'objectif astronomique. — Avec les lunettes astronomiques on vise presque toujours sur un point que l'on amène au centre du champ, c'est-à-dire sur l'axe ; c'est donc au point central, ou dans son voisinage immédiat que l'on doit obtenir des images nettes. C'est en partant de ce principe que l'on compense les objectifs astronomiques.

Pour avoir des images nettes au centre il nous faut d'abord écrire que nos dérivées partielles $\frac{\partial S}{\partial r_1}$ et $\frac{\partial S}{\partial z_1}$ sont nulles quand on fait $y = z = 0$.

Mais cela n'est pas suffisant ; on doit demander également de bonnes images dans le voisinage immédiat du point central ; il faut donc aussi que $\frac{\partial S}{\partial r_1}$ et $\frac{\partial S}{\partial z_1}$ aient de très petites valeurs pour les petites valeurs de y et z. En développant $\frac{\partial S}{\partial r_1}$ et $\frac{\partial S}{\partial z_1}$ par la formule de Taylor en fonction de y et z on obtient

$$\frac{\partial S}{\partial r_1} = \left[\frac{\partial S}{\partial r_1}\right]_0 + y\left[\frac{\partial^2 S}{\partial y\partial r_1}\right]_0 + z\left[\frac{\partial^2 S}{\partial z\partial r_1}\right]_0 + \ldots$$

Ces quantités entre crochets représentant les valeurs des dérivées pour $y = z = 0$, en négligeant les termes d'ordre supérieur au premier en y et z.

Il nous faudra donc annuler non seulement $\left[\frac{\partial S}{\partial r_1}\right]_0$ mais encore

$\left[\dfrac{\partial^2 S}{\partial y \partial r_1}\right]_0$ et $\left[\dfrac{\partial^2 S}{\partial z \partial r_1}\right]_0$. Si nous nous reportons aux formules des aberrations, nous voyons que la seule d'entre elles pour laquelle $\dfrac{\partial S}{\partial r_1}$ ne s'annule pas quand on fait $y = z = 0$ est l'aberration sphérique, la seule pour laquelle $\dfrac{\partial^2 S}{\partial y_1 \partial r_1}$ et $\dfrac{\partial^2 S}{\partial z_1 \partial r_1}$ ne s'annulent pas est l'aigrette ; ce sera donc ces deux-là qu'il conviendra de compenser. Les objectifs ainsi corrigés sont dits aplanétiques.

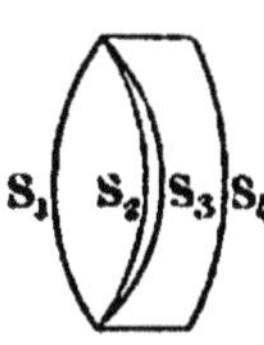

Fig. 72.

On forme comme nous l'avons vu l'objectif astronomique de deux lentilles accolées, une biconvexe et un ménisque divergent. Autrefois on donnait aux deux surfaces contiguës S_2 et S_3 la même courbure, de façon à pouvoir les coller l'une à l'autre. Mais cette pratique avait des inconvénients ; l'inégalité de dilatation amenait des efforts, qui, à la longue, déformaient les objectifs. Cette méthode, qui est encore suivie par divers constructeurs, doit être abandonnée.

Soient φ_1 et φ_2 les puissances des deux lentilles, ν_1, ν_2 les inverses des pouvoirs dispersifs (§ 58) ; prenons pour unité la puissance résultante

$$\varphi_1 + \varphi_2 = 1.$$

L'équation d'achromatisme s'écrit :

$$\frac{\varphi_1}{\nu_1} + \frac{\varphi_2}{\nu_2} = 0$$

On en déduit φ_1 et φ_2. Reste à calculer les rayons de courbure $R_1 R'_1$, $R_2 R'_2$.

Posons

$$U_1 = - \frac{\varphi_1}{2}$$

$$U_2 = - \varphi_1 - \frac{\varphi_2}{2}$$

$$\alpha = \frac{n_1 (n_1 + 2)}{\varphi_1 (n + 1)^2} + \frac{n_2 (n_2 + 2)}{\varphi_2 (n_2 + 1)^2} \qquad \beta = \frac{n_2 U_2}{(n_2 + 1)^2} - \frac{n_1 U_1}{(n_1 + 1)^2}$$

$$\gamma = \frac{1}{16} \left(\frac{n_1}{n_1 - 1}\right)^2 \varphi_1^3 + \frac{1}{16} \left(\frac{n_2}{n_2 - 1}\right)^2 \varphi_2^3 - \frac{\varphi_1}{4} \left(\frac{n_1 \, U_1}{n_1 + 1}\right)^2 - \frac{\varphi_2}{4} \left(\frac{n_2 \, U_2}{n_2 + 1}\right)^2.$$

Résolvons l'équation

$$\alpha Q^2 + \beta Q + \gamma = 0.$$

Les courbures $\frac{1}{R_1}$, $\frac{1}{R'_1}$, $\frac{1}{R_2}$, $\frac{1}{R'_2}$ seront données par les expressions

$$\left.\begin{array}{c}\dfrac{1}{R_1}\\[2mm]\dfrac{1}{R'_1}\end{array}\right\} = \frac{2Q}{\varphi_1}\,\frac{n_1}{n_1+1} - U_1\,\frac{2n_1+1}{n_1+1} \pm \frac{\varphi_1}{2(n_1-1)}$$

le signe + devant le dernier terme se rapporte à $\frac{1}{R_1}$, le signe — à $\frac{1}{R'_1}$.

$$\left.\begin{array}{c}\dfrac{1}{R_2}\\[2mm]\dfrac{1}{R'_2}\end{array}\right\} = -\frac{2Q}{\varphi_2}\,\frac{n_2}{n_2+1} - U_2\,\frac{2n_2+1}{n_2+1} \pm \frac{\varphi_2}{2(n_2-1)}.$$

(64). Des oculaires. — L'oculaire a un double but : ramener tous les faisceaux lumineux à converger vers la pupille de l'observateur, et amplifier l'image donnée par l'objectif en la ren-

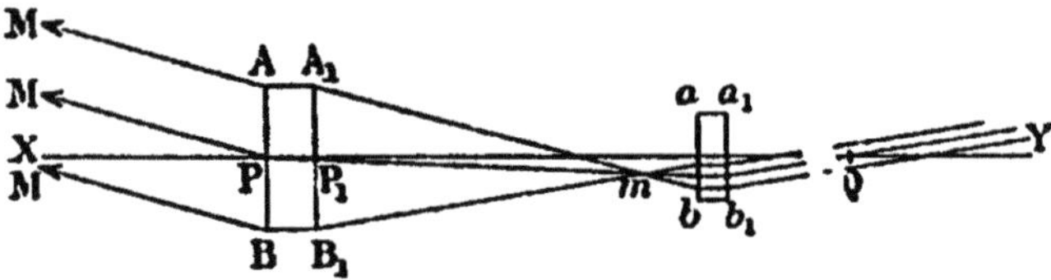

Fig. 73.

voyant à distance de vue distincte. Tout système convergent permet de réaliser ces deux conditions. Soient AB et A₁B₁ deux cercles qui seront situés dans les plans principaux de l'objectif, et que je supposerai constituer ses pupilles. Un point éloigné M enverra dans la lunette un faisceau lumineux conique, ayant pour base AB et pour sommet M. Mais vu l'éloignement de celui-ci, on pourra considérer les rayons comme parallèles ; l'image m se formera sensiblement dans le plan focal, et le faisceau lumineux ayant pour sommet m se transformera après passage dans l'oculaire aba_1b_1 en un autre dont les génératrices seront parallèles. L'axe du faisceau, émergent de la lunette, coupera l'axe XY en un point Q conjugué du point P₁ par rapport à l'oculaire. Si donc l'observateur place l'œil en Q, il recevra l'ensemble des faisceaux lumineux. Q est le point de vue, celui où devra se trouver la pupille de l'observateur.

(65). Oculaire de Huygens et de Ramsden. — L'oculaire de Huygens est formé de deux plans convexes. Le premier ω est placé en arrière de l'image par rapport à l'observateur. Son rôle est uniquement de produire la convergence des rayons vers l'œil de l'observateur. Il n'amplifie pas l'image, au contraire ; l'image

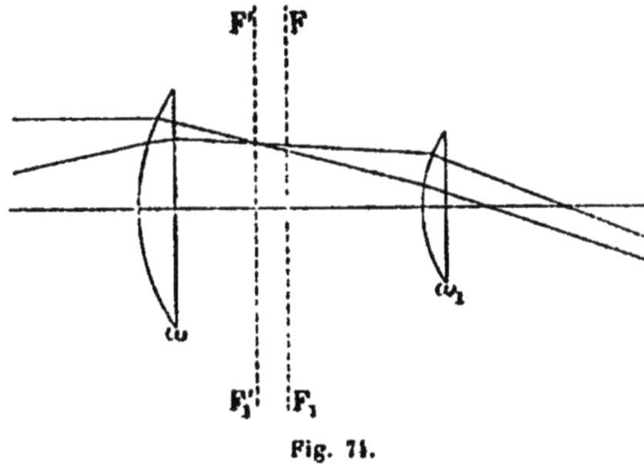

Fig. 74.

donnée par l'objectif et qui se formerait dans le plan FF_1, est ramenée en arrière par l'interposition de la lentille ω, dans le plan $F'F_1'$, et il est visible qu'elle se trouve réduite Seulement comme la face antérieure de ω est très voisine de FF_1, la réduction est très faible ; c'est la seconde lentille $ω_1$ qui produit le grossissement.

Dans la pratique, si nous désignons par f et f_1 les focales des deux lentilles et par D leur distance, on prend $f = 2f_1$ et $D = \dfrac{f + f_1}{2}$.

Ramsden plaça le collecteur ω en avant du plan de l'image (fig. 75) ; cette disposition a l'avantage que la lentille ω contribue au grossissement. Si f et f_1 sont les focales et D la distance des deux lentilles, on prend en général $f = f_1$. Pour D certains constructeurs le prennent égal à f et f_1, d'autres aux $\dfrac{2}{3}$ de la même longueur. L'oculaire de Ramsden est le plus généralement employé dans les appareils de topographie. Mais l'ouverture du champ de vue qu'il permet d'embrasser est limitée ; on a construit des oculaires de types plus compliqués et donnant une plus

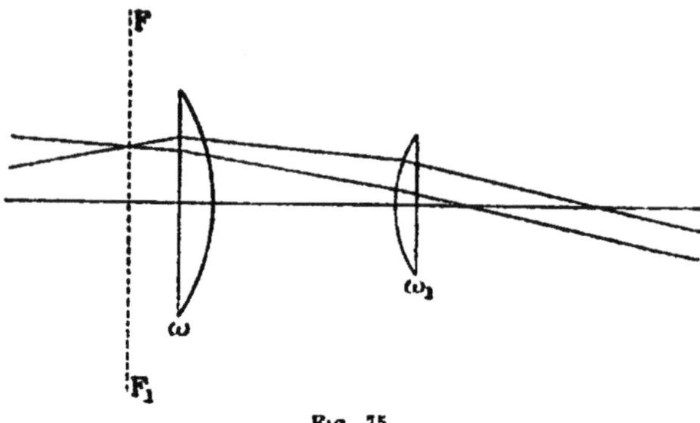

Fig. 75.

grande ouverture du champ. Nous ne les décrirons pas ici.

(66). Oculaire redresseur (oculaire terrestre). — Nous avons vu que les lunettes ordinaires renversent les images : on peut les redresser au moyen d'oculaires spéciaux.

L'image FF_1 donnée par l'objectif est retournée en $F'F'_1$ par le

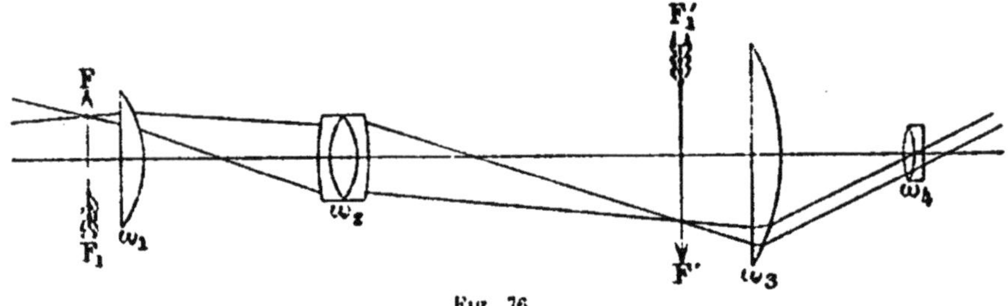

Fig. 76.

passage des rayons lumineux à travers un inverseur ω_2. La figure 76 représente un schéma de la marche des rayons à travers l'appareil de l'oculaire.

Le collecteur ω_1 a uniquement pour but de faire tourner les faisceaux lumineux de façon à les renvoyer sur l'inverseur ω_2 et autant que possible vers sa partie centrale de façon à diminuer les aberrations. C'est un plan convexe simple. Ce groupe ω_2 est achromatisé. Il donne une seconde image réelle de l'objet, $F'F'_1$, et il est visible que cette image est ramenée à la position naturelle. L'ensemble des lentilles ω_1 et ω_2 a donc pour effet de transporter l'image de FF_1 à $F'F'_2$; cet ensemble porte le nom de véhicule; ω_3 est un second collecteur qui renvoie les faisceaux au groupe de lentilles d'œil ω_4, lequel est achromatisé.

CHAPITRE XII

DES OBJECTIFS PHOTOGRAPHIQUES

(67). Conditions que doivent remplir les objectifs photographiques destinés aux mesures. — (68). Objectifs astrophotographiques. — (69). Objectifs photogrammétriques. — (70). Objectif sphérique.

(67). Conditions que doivent remplir les objectifs photographiques destinés aux mesures. — Pour les travaux de haute précision, pour la photographie du ciel par exemple, il faut employer des objectifs où toutes les aberrations soient parfaitement corrigées. On ne peut alors leur donner qu'un champ très limité, quelques degrés seulement.

On emploie pour les levés de plans des objectifs « grand champ ». Il ne faut accepter que ceux dans lesquels la distorsion est très faible. Toute aberration de cette nature fausse le plan. Quant aux autres aberrations, elles ont moins d'importance, mais elles ne permettent pas un fort grossissement.

Pour obtenir des résultats très précis, avec un grand champ, le mieux est d'employer des plaques ayant la forme d'une calotte sphérique et des objectifs appropriés. A la vérité, ces plaques ne se trouvent pas dans le commerce courant, leur emploi n'est pas aussi pratique, ou, au moins, aussi commode que celui des plaques ordinaires ; mais les objectifs qui leur correspondent ne présentent aucune distorsion, ni aucune autre aberration, si ce n'est l'aberration sphérique, qui peut être corrigée d'une façon très parfaite.

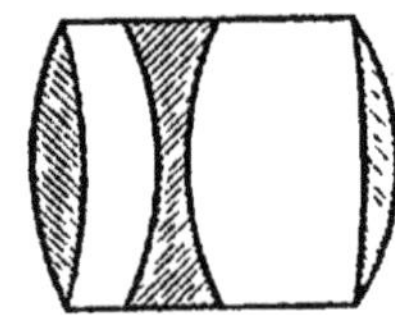

Fig. 77.

(68). Objectifs astrophotographiques. — Nous prendrons comme type de l'objectif astronomique celui de Schwarzschild (fig. 77).

Ses éléments sont les suivants ;

Rayons des divers cercles.	Distance des lentilles.	Indices de réfraction.
$r_1 = 22^{mm},3$	$d_1 = 8^{mm},6$	$n_1 = n_3 = 1,51345$
$r_2 = 66^{mm},4$	$d_2 = 13^{mm},0$	$n_2 = 1,56857$
$r_3 = 19^{mm},5$		
$r_4 = 21^{mm},1$		
$r_5 = 93^{mm},5$		
$r_6 = 17^{mm},8$		

(69). Objectifs photogrammétriques. — La première considération, quand on choisit un objectif photogrammétrique, est, comme nous l'avons dit, d'éviter la distorsion. S'il présente à un degré sensible cette aberration, il ne saurait être employé.

Tessar. — Parmi les objectifs qui se trouvent couramment dans le commerce, le tessar est un des moins défectueux au point de vue de la distorsion.

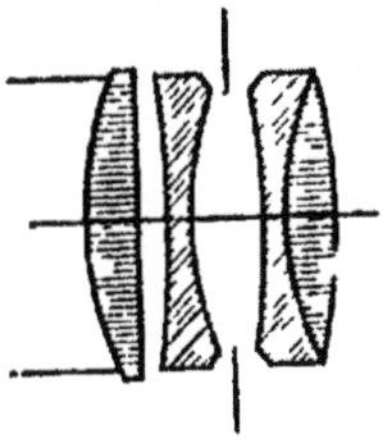

Voici les rayons de courbure, les épaisseurs et distances des lentilles, ainsi que les indices de réfraction des différents verres. Ces longueurs sont données en supposant la focale égale à 100. Les lettres e représentent les épaisseurs des verres ou des lames d'air qui les séparent, les d les distances des surfaces des lentilles les plus voisines.

Fig. 78.

Rayons.	Épaisseurs e et distances d des lentilles.	Indices de réfraction n.
$r_1 = 20^{mm},1$	$c_1 = 3^{mm},1$	$n_1 = 1,61162$
$r_2 = \infty$	$c_2 = 1^{mm},7$	$n_2 = 1,58305$
$r_3 = 66^{mm}$	$c_3 = 1^{mm},0$	$n_3 = 1,52343$
$r_4 = 18^{mm},8$	$d_4 = 2^{mm},4$	$n_4 = 1,60730$
$r_5 = 81^{mm},1$	$d_5 = 1^{mm},9$	
$r_6 = 20^{mm},3$	$c_6 = 1^{mm},0$	
$r_7 = 33^{mm},6$	$c_7 = 3^{mm},1$	

L'ouverture de cet objectif est de 1/6,3.

Le diagramme ci-après indique la distorsion. Considérons un rayon passant par le point nodal incident P, et issu d'un point éloigné M; soit θ l'angle qu'il forme avec l'axe. Soit m

l'image de M, ρ la distance de m à l'axe. Si la distorsion n'existait pas, ρ serait proportionnel à tang θ. En réalité, on trouvera

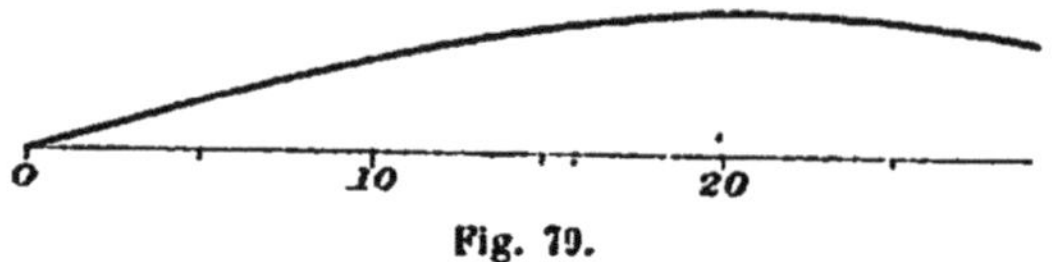

Fig. 79.

$\rho = f$ tang $\theta + \varepsilon$. Le rapport $\dfrac{\varepsilon}{\rho}$ peut mesurer l'amplitude de la distorsion. Les abscisses représentent les angles θ et les ordon

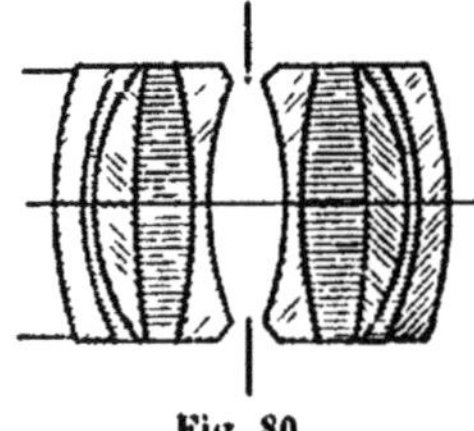

nées le rapport $\dfrac{\varepsilon}{\rho}$; l'échelle des ordonnées est de un centimètre pour un centième.

Orthoprotar. — L'orthoprotar (fig. 80), d'ouverture 1/7,5, a été construit spécialement en vue de la photogrammétrie. Il est symétrique par rapport au plan médian.

Fig. 80.

Ses éléments sont les suivants :

$$r_1 = r_{12} = 21^{mm},0 \qquad c_1 = c_{10} = 1^{mm},3 \qquad n_1 = n_{10} = 1,52352$$
$$r_2 = r_{11} = 13^{mm},2 \qquad c_2 = c_9 = 0^{mm},5 \qquad n_2 = n_9 = 1,61300$$
$$r_3 = r_{10} = 11^{mm},2 \qquad c_3 = c_8 = 2^{mm},0 \qquad n_1 = n_4 = 1,51748$$
$$r_4 = r_9 = 33^{mm},7 \qquad c_4 = c_7 = 3^{mm},3 \qquad n_1 = n_7 = 1,61300$$
$$r_5 = r_8 = 33^{mm},8 \qquad c_5 = c_6 = 0^{mm},7 \qquad n_3 = n_6 = 1,52352$$
$$r_6 = r_7 = 23^{mm},8 \qquad d_1 = d_2 = 1^{mm},0$$

Le diagramme qui donne sa distorsion est le suivant :

Fig. 81.

On voit que cette aberration est très bien corrigée.

Nous signalerons encore l'hypergon-doppelanastigmat de Gœrz. La distorsion y est admirablement corrigée; mais il n'en est pas de même de l'aberration sphérique, ni de l'aberration chromatique, et cet objectif ne peut être employé que très fortement diaphragmé.

(70). Objectif sphérique. — Cet objectif, ainsi que nous l'avons exposé au commencement de ce chapitre, élimine toutes les aberrations, hormis l'aberration sphérique et l'aberration chromatique. Il exige l'emploi de plaques sensibles sphériques; il est formé de lentilles dont les surfaces terminales sont des sphères concentriques, dont le centre O est le même que celui de la plaque. Le complexe résultant a ses deux points principaux confondus en O.

Soient P et Q deux points conjugués par rapport au système,

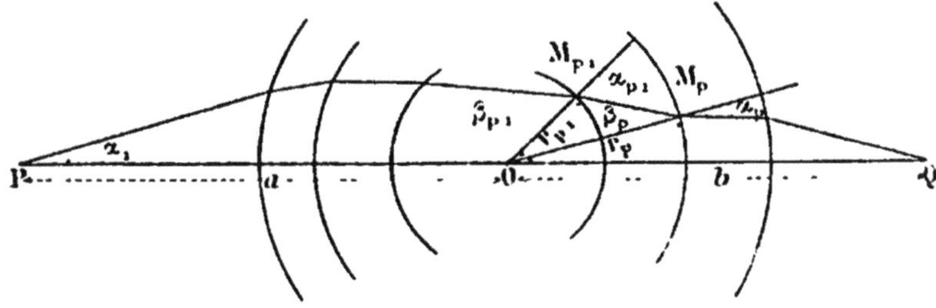

Fig. 82

a et b leurs distances au point O ; soient $r_1, r_2.., r_{p-1}$ les rayons des diverses surfaces sphériques, $\rho_1, \rho_2..., \rho_{p-1}$ leurs inverses. Les quantités r et ρ sont affectées d'un signe; elles sont positives pour les sphères qui tournent leur convexité vers la droite, négatives pour les autres. Soient encore $n_1, n_2..., n_p$ les indices de réfraction des divers milieux, $\nu_1, \nu_2..., \nu_p$ leurs inverses

Considérons un rayon issu du point P et aboutissant au point Q; soient $M_{p-1}M_p$ et M_pM_{p+1} deux de ses segments consécutifs; joignons OM_{p-1} et OM_p et désignons par $\alpha_{p-1}, \beta_p, \alpha_p$ les angles aigus que forment respectivement ces segments avec les deux normales (fig. 82). Nous avons dans le triangle $OM_{p-1}M_p$.

$$r_{p-1} \sin \alpha_{p-1} = r_p \sin \beta_p. \tag{1}$$

Et en vertu de la loi de la réfraction :

$$n_p \sin \beta_p = n_{p+1} \sin \alpha_p. \tag{2}$$

Les équations (1) et (2) peuvent s'écrire identiquement :

$$\frac{\sin \alpha_{p-1}}{\dfrac{1}{n_p r_{p-1}}} = \frac{\sin \beta_p}{\dfrac{1}{n_p r_p}} = \frac{\sin \alpha_p}{\dfrac{1}{n_{p+1} r_p}}. \tag{3}$$

L'angle des deux segments est égal à $\alpha_p - \beta_p$. On voit facilement que

$$\Sigma (\alpha - \beta) = 0.$$

On peut développer α et β en fonction de $\sin \alpha$ et de $\sin \beta$. On aura alors

$$\Sigma \left[\sin \alpha + \frac{1}{6} \sin^3 \alpha + \ldots - \sin \beta - \frac{1}{6} \sin^3 \beta + \ldots \right] = 0. \qquad (4)$$

Et en égalant séparément à 0 les éléments des divers ordres :

$$\Sigma [\sin \alpha - \sin \beta] = 0,$$
$$\Sigma [\sin^3 \alpha - \sin^3 \beta] = 0,$$
$$\Sigma [\sin^5 \alpha - \sin^5 \beta] = 0,$$

$$. \quad . \quad . \quad . \quad . \quad . \quad . \quad . \quad . \quad .$$

Dans les équations (4), on peut remplacer les $\sin \alpha$ et $\sin \beta$ par des quantités proportionnelles tirées des équations (3). On arrivera ainsi aux relations

$$-\frac{1}{n_1 a} + \Sigma \left(\frac{1}{n_p} - \frac{1}{n_{p+1}} \right) \frac{1}{r_p} + \frac{1}{n_p b} = 0,$$
$$-\frac{1}{n_1^3 a^3} + \Sigma \left(\frac{1}{n_p^3} - \frac{1}{n_{p+1}^3} \right) \frac{1}{r_p^3} + \frac{1}{n_p^3 b^3} = 0. \qquad \left\{ (6) \right.$$

$$. \quad . \quad . \quad . \quad . \quad . \quad . \quad . \quad . \quad . \quad . \quad .$$

On remarquera que si le nombre des surfaces réfringentes est de p, les $p+1$ premières seulement des équations (6) sont distinctes, les suivantes sont les conséquences des précédentes.

Pour compenser notre objectif, nous allons supposer le point P rejeté à l'infini : $a = \infty$. b est alors égal à la focale. Prenons b égal à l'unité. Les deux milieux extrêmes étant constitués par l'atmosphère, ν_1 et ν_p sont égaux à l'unité. L'équation (5) s'écrit alors :

$$\Sigma (\nu_p - \nu_{p+1}) \rho_p + 1 = 0. \quad \text{Équation aux dimensions.} \qquad (7)$$

Pour que la focale soit la même pour deux raies du spectre auxquelles correspondent les indices ν et $\nu + \delta\nu$, il faut que l'on ait :

$$\Sigma (\delta\nu_p - \delta\nu_{p+1}) \rho_p = 0. \quad \text{Équation d'achromatisme.} \qquad (8)$$

Pour que les aberrations géométriques du troisième ordre disparaissent, il faut que l'on ait :

$$\Sigma\left(v_p^3 - v_{p+1}^3\right)\rho_p^3 + 1 = 0. \qquad \text{Équation aux aberrations du 3}^e\text{ ordre.} \qquad (9)$$

Si l'on voulait compenser les aberrations du cinquième ordre, il faudrait écrire en outre :

$$\Sigma\left(v_p^5 - v_{p+1}^5\right)\rho_p^5 + 1 = 0. \qquad \text{Équation aux aberrations du 5}^e\text{ ordre.} \qquad (10)$$

Mais on peut se contenter de compenser celles du troisième ordre.

Exemple. — Prenons une lentille centrale de crown B, et deux lentilles du même flint qui lui seront accolées, A et C. Soient

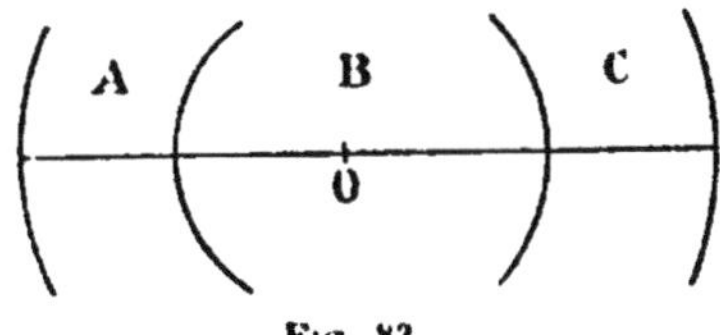

Fig. 83.

v et v', $v + \delta v$ et $v' + \delta v'$ les inverses des indices des deux verres pour les deux raies qu'on veut réunir. Nos équations s'écrivent :

$$(1 - v)(\rho_1 - \rho_4) - (v' - v)(\rho_2 - \rho_3) + 1 = 0. \qquad \text{Équation aux dimensions.} \qquad (11)$$
$$\delta v (\rho_1 - \rho_4) - (\delta v - \delta v')(\rho_2 - \rho_3) = 0. \qquad \text{Équation d'achromatisme.} \qquad (12)$$
$$(1 - v^3)(\rho_1^3 - \rho_4^3) - (v'^3 - v^3)(\rho_2^3 - \rho_3^3) + 1 = 0. \qquad \text{Équation aux aberrations.} \qquad (13)$$

Des équations (11) et (12), on déduit $\rho_1 - \rho_4 = u$ et $\rho_2 - \rho_3 = v$. Il reste deux arbitraires pour satisfaire à l'équation (13). Substituons dans le premier membre les valeurs $\rho_1 = -\rho_4 = -\dfrac{u}{2}$, $\rho_2 = -\rho_3 = -\dfrac{v}{2}$. Ici il y a lieu de distinguer deux cas.

1° Le résultat de la substitution est positif et égal à h. Dans ce cas, nous conserverons comme définitives les valeurs $\rho_1 = -\rho_4 = \dfrac{u}{2}$, et nous poserons :

$$\rho_2 = \frac{v}{2} + x,$$
$$\rho_3 = -\frac{v}{2} + x$$

Pour que l'équation (13) soit satisfaite, il faudra que l'augmentation de la valeur absolue du terme négatif soit égale à h :

$$v'^3 - v^3)\left[\left(\frac{v}{2}+x\right)^3-\left(-\frac{v}{2}+x\right)^3\right]-(v'^3-v^3)\,2\left(\frac{v}{2}\right)^3=h,$$

$$3\,v\,(v'^3-v^3)\,x^2=h.$$

D'où x, ρ_2 et ρ_3.

2° Si le résultat de la substitution est négatif et égal à $-h$, on prendra comme valeurs définitives de ρ_2 et ρ_3 les valeurs $-\frac{v}{2}$ et $+\frac{v}{2}$ et on posera :

$$\rho_1 = \frac{u}{2}+y,$$
$$\rho_4 = -\frac{u}{2}+y.$$

D'où l'on déduira :

$$3\,u\,(1-v^3)\,y^2=h.$$

D'où y, ρ_1 et ρ_4.

Voici un objectif calculé d'après ces données en prenant l'unité

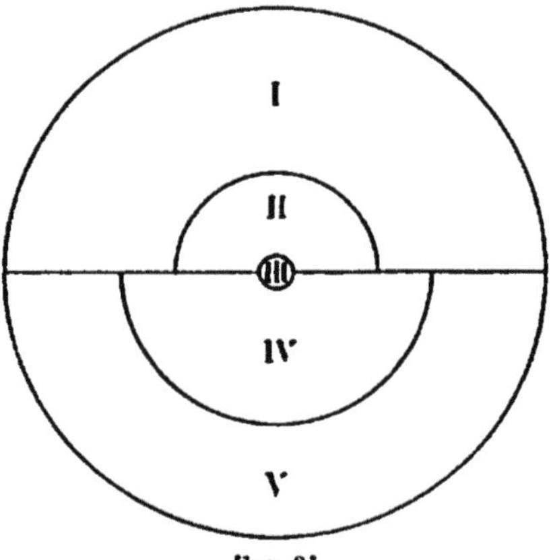

Fig. 84.

pour focale. Les deux lentilles extérieures I et V, sont du même flint, les trois lentilles intérieures II, III et IV, sont du même crown. Soit R le rayon extérieur de I et de V, ρ_1 et ρ_2 leurs rayons intérieurs, ε celui de la focale centrale.

$$\text{R} = 0,5649$$
$$\rho_1 = 0,2078$$
$$\rho_2 = 0,3109$$
$$\varepsilon = 0,035$$
$$n_1 = n_5 = 1,60022$$
$$n_2 = n_3 = n_4 = 1,50204.$$

Le plan diamétral qui sépare les divers hémisphères forme un écran percé seulement d'un cercle qui laisse passer la sphère III. Celle-ci n'est pas collée aux lentilles III et IV, elle se trouve seulement en contact avec elles; l'introduction de cette lentille additionnelle dans le système ne modifie en rien la forme de la trajectoire des rayons, puisque son indice est le même que celui des lentilles contiguës. Mais elle crée une surface de discontinuité entre les deux milieux II et III et elle produit, comme nous allons le voir, un effet analogue à celui d'un diaphragme, en ce sens qu'elle limite l'ouverture des faisceaux lumineux qui traverse l'objectif.

Considérons la surface terminale concave de la lentille II (surface représentée sur la figure 85 à une échelle plus grande que sur la figure 84) et un faisceau lumineux MPNQ tombant sur elle;

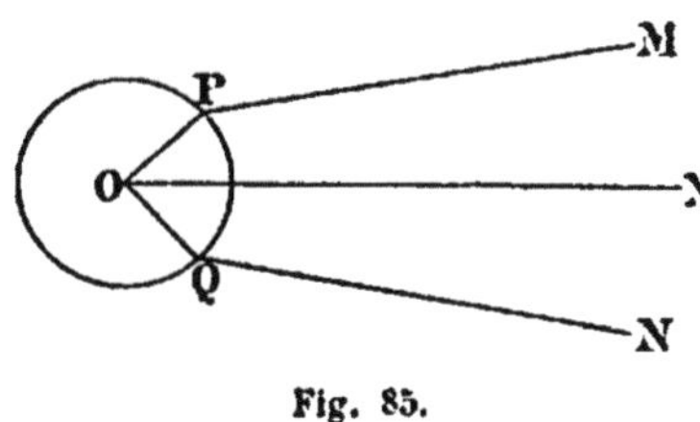

Fig. 85.

les rayons centraux la coupent sous une forte incidence et la traversent. Mais les plus écartés la coupent sous un angle égal ou supérieur à l'angle de réflexion totale, et sont renvoyés. La surface ne laisse donc passer qu'une partie du faisceau, et agit par suite comme un diaphragme.

On remarquera que l'ouverture du faisceau qui traverse la surface est constante, et par suite la quantité de lumière qui parvient à la plaque sensible est indépendante de la direction dans laquelle se trouve l'objet; toutefois, dans la zone voisine du plan diamétral, une partie du faisceau se trouve interceptée ; pour un point situé dans le plan diamétral, c'est la moitié seulement du faisceau qui passe.

Cet objectif peut donner une bonne image sur une ouverture de 180°. Dans la partie centrale, sur une amplitude d'environ 90°, elle se trouve uniformément éclairée. Elle s'assombrit sur la zone extérieure, et la clarté sur les bords n'est plus que la moitié de ce qu'elle est au centre. Si l'on veut avoir une clarté uniforme sur toute l'image, il conviendra de la limiter à une zone de 90°, 45° de chaque côté de l'axe.

En multipliant les lentilles, on peut facilement obtenir une compensation des aberrations aussi parfaite que l'on voudra.

TABLE DES MATIÈRES

CHAPITRE PREMIER

LOIS DE L'OPTIQUE

CHAPITRE II

PROPRIÉTÉS GÉNÉRALES D'UN FAISCEAU DE RAYONS

CHAPITRE III

HOMOGRAPHIE OPTIQUE

CHAPITRE IV

COMBINAISON DE SYSTÈMES AYANT MÊME AXE

CHAPITRE V

ÉTUDE GÉOMÉTRIQUE DES SURFACES D'ONDE

CHAPITRE VI

DE L'EIKONAL

CHAPITRE VII

ABERRATIONS GÉOMÉTRIQUES

CHAPITRE VIII

ABERRATIONS CHROMATIQUES

CHAPITRE IX

DES LENTILLES

CHAPITRE X

DE LA LUNETTE ASTRONOMIQUE

CHAPITRE XI

OPTIQUE DES LUNETTES

CHAPITRE XII
DES OBJETS PHOTOGRAPHIQUES

www.ingramcontent.com/pod-product-compliance
Ingram Content Group UK Ltd.
Pitfield, Milton Keynes, MK11 3LW, UK
UKHW020308130726
13696UKWH00003B/948